Formale Logik

von

Dr. Paul Lorenzen
o. Professor an der Universität Erlangen-Nürnberg

4. verbesserte Auflage

Sammlung Göschen Band 1176/1176a

Walter de Gruyter & Co · Berlin 1970
vormals G. J. Göschen'sche Verlagshandlung · J. Guttentag,
Verlagsbuchhandlung · Georg Reimer · Karl J. Trübner · Veit & Comp.

Archiv-Nr. 71 10 69 7

Satz: Hildebrandt & Stephan KG
Druck: W. Hildebrand
Printed in Germany

Inhaltsverzeichnis

Einleitung

„Logik" als eines der zentralen Wörter der abendländischen Geistesgeschichte umfaßt in seiner Bedeutung so verschiedenartige Dinge, wie die *aristotelische* Syllogistik, *scholastische* Disputationskunst, die *transzendentale* Logik der KANTischen Vernunftkritik, die *dialektische* Logik HEGELS und die *mathematische* Logik der *„Principia Mathematica"* von WHITEHEAD und RUSSELL. Der Terminus „formale Logik" wurde nach KANT üblich (vgl. SCHOLZ 1931), um die formal-logischen Schlüsse eben als formale von den übrigen allgemeinen Vernunftwahrheiten zu unterscheiden.

Ein Schulbeispiel eines formal-logischen Schlusses, der aus „Einige Menschen sind Philosophen" und „Alle Philosophen sind weise", auf „Einige Menschen sind weise" schließt, heißt dabei *formal,* weil die Gültigkeit dieses *Schlusses* nur von der *Form* der in ihm vorkommenden *Aussagen* abhängt, dagegen nicht von ihrem Stoffe, dem *Inhalt* der Aussagen — insbesondere nicht von der Wahrheit oder Falschheit dieser Aussagen. (Über die Abhängigkeit der Logik von den natürlichen Sprachen, z. B. Deutsch, vgl. Genaueres in § 1 und § 8.) Die Form einer Aussage wie „Einige Menschen sind Philosophen" ist dabei das, was von ihr erhalten bleibt, wenn die vorkommenden *Prädikate,* hier „Mensch" und „Philosoph", durch beliebige andere ersetzt werden. Diese Form kann dadurch dargestellt werden, daß man die vorkommenden Prädikate durch *Variable* ersetzt. Variable sind bedeutungsleere Zeichen, die nur dazu dienen, die Stellen anzuzeigen, an denen die bedeutungsvollen

Konstanten, hier die Prädikate, einzusetzen sind. Als Variable benutzen wir – wie schon ARISTOTELES – Buchstaben, hier etwa *P*, *Q* und *R* als Variable für Prädikate. Unser Schulbeispiel schließt dann aus den *Aussageformen* „einige *P* sind *Q*" und „alle *Q* sind *R*" auf die Aussageform „einige *P* sind *R*".

Auch der Schluß von „wenn es regnet oder schneit, dann kommt er nicht" und „es regnet" auf „er kommt nicht" ist ein formal-logischer Schluß. Mit den Variablen *a*, *b*, *c* als Variablen für solche Aussagen wie „es regnet", „es schneit" und „er kommt" erhält man die Aussageformen „wenn *a* oder *b*, dann nicht *c*" und „*a*", von denen auf „nicht *c*" geschlossen wird.

Um den Gegenstand der formalen Logik genauer zu beschreiben, muß angegeben werden, welche Teile einer Aussage zur Gewinnung ihrer Form nicht durch Variable ersetzt werden. Dies sind die *logischen Partikeln,* wie „alle", „einige", „wenn — dann", „und", „oder" und „nicht". Als das Grundproblem der formalen Logik können wir daher die Frage betrachten, wann — und mit welchem Recht — von Aussageformen, die aus Variablen und logischen Partikeln bestehen, auf andere solche Aussageformen geschlossen werden darf. Kann man von einer Aussageform *A* auf eine andere Aussageform *B* schließen, so sagt man, daß *B* von *A* (logisch) *impliziert* wird: *A* impliziert *B*.

Mit diesen Termini kann die *formale Logik* als *die Wissenschaft von den Implikationen der Aussageformen* definiert werden.

Dieses Problem ist zuerst von ARISTOTELES in Angriff genommen worden. Seine *Syllogistik* — vgl.

Kap. I — gibt die Lösung einer Teilaufgabe, indem er die Aussageformen auf die vier Formen: „alle *P* sind *Q*", „kein *P* ist *Q*", „einige *P* sind *Q*" und „nicht alle *P* sind *Q*" beschränkte. Von den *Megarikern* und später den *Stoikern* wurde ein weiterer Teil — die sog. *Aussagenlogik* — entwickelt, die dadurch gekennzeichnet ist, daß man sich auf die Betrachtung der *Junktoren,* d. h. der logischen Partikeln wie „und" und „oder", durch die Aussagen zu neuen Aussagen verbunden werden, beschränkt. Auch die *Scholastik* kannte diese Logik der Junktoren. Ihre Wiederentdeckung durch BOOLE 1847 bedeutet den Beginn der modernen Logik. Aber erst in FREGES „Begriffsschritt" 1879 wird eine Theorie — die sog. *elementare Prädikaten-* oder *Funktionenlogik* — *aller* logischen Partikeln, also der Junktoren und der *Quantoren* (d. s. die Partikeln „alle" und „einige") gegeben.

Man wird sagen dürfen, daß die Entwicklung der formalen Logik (in dem hier verwendeten engen Sinn) gegenwärtig durch den *Vollständigkeitssatz* (GÖDEL 1930) und den *Unentscheidbarkeitssatz* (CHURCH 1936) zu einem gewissen Abschluß gekommen ist. Diese Theorie wird in ihren wesentlichsten Zügen in Kap. II - V dargestellt. Im Anhang wird auch für die effektive Logik (Kap. IV - V) ein Vollständigkeitssatz bewiesen. (Zur Geschichte der formalen Logik vgl. BOCHENSKI 1956.)

Es ist üblich, in der formalen Logik auch die Theorie der *Gleichheit* (oder *Identität)* — vgl. Kap. VI — zu behandeln.

Die Logik der *Modalitäten* „notwendig", „möglich" und „wirklich" dagegen konnte hier nicht dargestellt werden, weil es — trotz der überragenden Bedeutung dieses Gebietes schon bei ARISTOTELES — auch in der

Moderne noch nicht zu einer endgültigen Klärung der *Modallogik* gekommen ist. Der Leser sei daher hier nur auf das Literaturverzeichnis verwiesen.

Da sich dieses Buch ausschließlich auf die formale Logik beschränkt, werden wir im folgenden stets kurz von Logik sprechen, wo genauer formale Logik gemeint ist.

I. Syllogistik

§ 1 Sprachliche Grundbegriffe

Die *aristotelische* Logik geht von der *natürlichen Sprache* aus, wie wir das in der Einleitung getan haben. Die für die Logik erforderlichen Begriffe lassen sich jedoch nicht aus linguistischen Begriffen ableiten. Der Schluß von „einige *P* sind *Q*" auf „einige *Q* sind *P*" ist von der deutschen Sprache aus gesehen nicht formal, weil es keine formalen Kriterien dafür gibt, welche Wörter (Morphemfolgen) der deutschen Sprache für die Variablen *P*, *Q* einzusetzen sind: Man kann z. B. nicht aus „einige Menschen sind hier" auf „einige hier sind Menschen" schließen.

Es ist deshalb erforderlich, das Phänomen des logischen Schließens an *Kunstsprachen* zu untersuchen — zumindest theoretisch ist dies erforderlich, praktisch genügen allerdings Beispiele aus den natürlichen Sprachen, durch die die Möglichkeiten einer Kunstsprache hinreichend deutlich gemacht werden können.

Für die Logik genügt es, nur sehr wenige von diesen Möglichkeiten einer Kunstsprache in Betracht zu ziehen. Als erstes sei die Möglichkeit genannt, irgendwelche Ereignisse, Dinge oder Personen — wir wollen zusammenfassend den Terminus *Gegenstände* gebrauchen — durch *Eigennamen* zu *bezeichnen*. Die natürlichen Sprachen verfügen meist nur über Eigennamen für Personen oder über astronomische und geographische Eigennamen, etwa: Platon, Paris, Erde — wobei z. B. schon die Einschränkung zu machen ist, daß viele Städte „Paris" heißen und also dieser Name im strengen Sinne kein Eigenname ist. Unabhängig von der Verwirklichung durch die natürlichen Sprachen läßt sich aber die Möglichkeit festhalten, Gegenständen Zeichen zuzuordnen, so daß jedes dieser Zeichen als Eigenname zur Bezeichnung für genau einen Gegenstand dient.

Neben dieser Möglichkeit des (mit einem Eigennamen) Bezeichnens sei als zweites die Möglichkeit des Prädizierens genannt.

Ein *Prädikat* oder *Prädikator* (wenn man den grammatischen Terminus *Prädikat* vermeiden will) ist ein Zeichen, das nicht wie ein Eigenname zur Bezeichnung genau eines Gegenstandes dient, sondern das so gebraucht wird, daß es gewissen Gegenständen *zugesprochen*, anderen *abgesprochen* wird. Dieser Gebrauch von Prädikaten heißt *prädizieren*. Man erlernt das Prädizieren an Beispielen, etwa im Deutschen mit dem Prädikat „Hammer" durch endlich viele Aussagen der Form „dies ist ein Hammer" und „dies ist kein Hammer" in geeigneten Situationen. Ebenso läßt sich anschließend der Gebrauch des Prädikates „Prädikat" erlernen, indem man endlich viele Beispiele von Zeichen angibt, die man schon als Prädikate zu gebrauchen gelernt hat, und z. B. Eigennamen das Prädikat „Prädikat" abspricht. Wie man beim Kind erwarten darf, daß es schließlich selbständig solche Prädikate wie „Hammer" gebrauchen kann, darf hier vom Leser erwartet werden, daß er — auf Grund seiner Erfahrungen mit natürlichen Sprachen

— selbständig entscheiden kann, ob ein Zeichen als Prädikat gebraucht wird oder nicht. Wie es allerdings Fälle geben kann, in denen es streitig ist, ob „Hammer" zugesprochen werden darf, kann es Fälle geben, in denen es streitig ist, ob einem Zeichen das Prädikat „Prädikat" zugesprochen werden darf — dadurch wird dieses Prädikat aber ebensowenig entwertet wie das Prädikat „Hammer".

Auch Paaren, Tripeln, ... von Gegenständen können — im selben Sinne wie einzelnen Gegenständen — Prädikate zu- oder abgesprochen werden. Im Deutschen z. B. in Aussagen wie

„Platon war der Lehrer von Aristoteles",

„Rom liegt nicht zwischen Athen und Byzanz".

Die Systeme von Gegenständen, von denen prädiziert wird, sind durch „Platon, Aristoteles" und „Rom, Athen, Byzanz" bezeichnet. Die Prädikate heißen dann *mehrstellig*, genauer 2-stellig, 3-stellig usw.

Mit Eigennamen und Prädikaten lassen sich *primitive Aussagen* bilden. Sind $\mathfrak{S}_1$, $\mathfrak{S}_2$... Eigennamen und $\mathfrak{P}$, $\mathfrak{Q}$... Prädikate, so bilden wir (in unserer fiktiven Kunstsprache, die wir nur hinsichtlich der für die Logik relevanten Sprachmöglichkeiten erörtern) mit zwei neuen Zeichen, etwa ε und ε' die Zeichenfolgen der Form $s \varepsilon P$ und $s \varepsilon' P$, wobei für die *Subjektvariable* s die Eigennamen $\mathfrak{S}_1$, $\mathfrak{S}_2$... und für die *Prädikatvariable* P die Prädikate $\mathfrak{P}$, $\mathfrak{Q}$... einzusetzen sind. s heißt Subjektvariable, weil man in der *Grammatik* von Subjekten spricht.

Über den Gebrauch dieser primitiven Aussagen werde festgesetzt, daß $\mathfrak{S} \varepsilon \mathfrak{P}$ bzw. $\mathfrak{S} \varepsilon' \mathfrak{P}$ dazu dienen soll, dem durch $\mathfrak{S}$ bezeichneten Gegenstand das Prädikat $\mathfrak{P}$ zu- bzw. abzusprechen. Daß das Zeichen ε'

hier ε als Teil enthält, ist eine Willkürlichkeit der vorgeschlagenen Kunstsprache (genauer: Kunstschrift). Man könnte etwa auch das Zusprechen durch $+ s P$, das Absprechen durch $- s P$ symbolisieren. Der Verwendung von ε und ε' entspricht im Deutschen häufig die Verwendung der Kopula „ist" und „ist nicht". Das Zeichen ε wurde von PEANO 1894 als Abkürzung des griechischen ἐστί eingeführt. ε und ε' mögen daher hier *Kopulae* heißen. Bei Prädikaten, die nicht von einem Gegenstand prädiziert werden. sondern von mehreren, haben die primitiven Aussagen die Formen

(1.1) $s_1, s_2, \ldots, s_n \, \varepsilon \, P$

(1.2) $s_1, s_2, \ldots, s_n \, \varepsilon' \, P$ $(n = 1, 2, \ldots)$.

Aussagen der Form (1.1) heißen *affirmativ*, Aussagen der Form (1.2) *negativ*.

Für den Fall 2-stelliger Prädikate ist es üblich, statt $s_1, s_2 \, \varepsilon \, P$ kürzer $s_1 P s_2$ zu schreiben, statt $s_1, s_2 \, \varepsilon' \, P$ dann $s_1 P' s_2$.

Die primitiven Aussagen dienen dem Prädizieren. Statt einem Gegenstand das Prädikat $\mathfrak{P}$ zuzusprechen, kann jetzt der Aussage $\mathfrak{s} \, \varepsilon \, \mathfrak{P}$, in der $\mathfrak{s}$ ein Eigenname des betreffenden Gegenstandes ist, ein neues Prädikat *w* („*wahr*") zugesprochen werden und der Aussage $\mathfrak{s} \, \varepsilon' \, \mathfrak{P}$ ein Prädikat *f* („*falsch*"). Entsprechend wird für den Fall, daß $\mathfrak{P}$ dem durch $\mathfrak{s}$ bezeichneten Gegenstand abgesprochen werden soll, *f* der Aussage $\mathfrak{s} \, \varepsilon \, \mathfrak{P}$, *w* dem $\mathfrak{s} \, \varepsilon' \, \mathfrak{P}$ zugesprochen.

Ob diese Prädikationen jeweils *berechtigt* sind, ist eine Frage, die in der Logik nicht zur Erörterung steht. Es wird jedoch für das Verständnis nützlich sein, daran zu erinnern, daß auf Grund der Einführung der Prädikate — nachdem also einmal ein Prädikat in die

Sprache aufgenommen ist — es nicht mehr im Belieben des Sprechenden steht, dies Prädikat den Gegenständen willkürlich zu- oder abzusprechen. Die Berechtigung dazu hängt vielmehr dann vom Gegenstand ab. Es ist daher üblich, nicht nur zu fragen, ob der Sprechende dem Gegenstand das Prädikat zusprechen wolle, sondern ob es dem Gegenstand *zukomme*, also zu fragen, ob eine Aussage nicht nur nach dem Willen des Sprechenden als wahr behauptet wird, sondern ob sie „in Wirklichkeit" oder „faktisch" wahr sei. Für die Logik kann an die Stelle der Entscheidung über die faktische Wahrheit oder Falschheit der primitiven Aussagen stets eine willkürliche Festsetzung über Wahrheit oder Falschheit dieser Aussagen treten. Wir werden aber trotzdem die (von CARNAP 1947 übernommenen) Termini *„faktisch-wahr"* und *„faktisch-falsch"* benutzen, weil sie das Verständnis der Beziehung der Logik zur *Wirklichkeitserkenntnis* (für die die faktische Wahrheit der Aussagen ja entscheidend ist) erleichtert.

Nach der Einführung der Grundbegriffe: Eigenname, Prädikat und primitive Aussage ist als letzte Möglichkeit für unsere Kunstsprache noch die Einführung *primitiver Regeln* zu behandeln. Für Prädikate $\mathfrak{P}$, $\mathfrak{Q}$ soll z. B.

(1.3) $$s \varepsilon \mathfrak{P} \rightarrow s \varepsilon \mathfrak{Q}$$

die Regel symbolisieren, nach der man von einer Aussage der Form $s \varepsilon \mathfrak{P}$ zu $s \varepsilon \mathfrak{Q}$ überzugehen hat. Genauer heißt dies, daß man (nach dieser Regel) von einer Aussage $\mathfrak{s} \varepsilon \mathfrak{P}$, die aus $s \varepsilon \mathfrak{P}$ durch Einsetzen von $\mathfrak{s}$ für s entsteht, allemal zu $\mathfrak{s} \varepsilon \mathfrak{Q}$ *übergehen* darf.

In den natürlichen Sprachen läßt sich eine *generelle* Aussage, wie z. B. „alle Menschen sind sterblich" so interpretieren, daß sie diejenige Regel meint, die den Übergang von Aussagen wie „Sokrates ist ein Mensch", „Cajus ist ein Mensch", ... zu den entsprechenden Aussagen „Sokrates ist sterblich", „Cajus ist sterblich", ... vorschreibt. Aus welchen Gründen solche Regeln anerkannt werden, ist für die Logik unwesentlich. Hier genügt es, die Möglichkeit festzustellen, für eine Sprache primitive Regeln einzuführen.

Die allgemeine Form solcher Regeln ist:

(1.4) $$\mathfrak{A}_1, \ldots, \mathfrak{A}_n \rightarrow \mathfrak{A},$$

in der $\mathfrak{A}_1, \ldots, \mathfrak{A}_n$ und $\mathfrak{A}$ *primitive Formeln* sind, d. h. primitive Aussagen oder primitive Aussageformen (die im Unterschied zu den Aussagen noch Variable enthalten). Jede Regel enthält *n Prämissen* und eine *Konklusion*, *n* kann auch 0 sein.

Sind in einer Sprache endlich viele primitive Regeln eingeführt:

$$\begin{array}{l} \mathfrak{A}_{11}, \mathfrak{A}_{12}, \ldots \rightarrow \mathfrak{A}_1 \\ \mathfrak{A}_{21}, \mathfrak{A}_{22}, \ldots \rightarrow \mathfrak{A}_2 \\ \vdots \end{array}$$

so sprechen wir von einem *primitiven Regelsystem.*

In bezug auf ein solches primitives Regelsystem *R* kann man fragen, ob sich eine Aussage $\mathfrak{a}$ aus einem System von Aussagen $\mathfrak{a}_1, \ldots, \mathfrak{a}_n$ *ableiten* läßt, d. h., ob durch endlich viele Übergänge nach den Regeln von *R* schließlich die Aussage $\mathfrak{a}$ entsteht, wenn man nur von den Aussagen $\mathfrak{a}_1, \ldots, \mathfrak{a}_n$ ausgeht.

An ein primitives Regelsystem *R* wird die Forderung gestellt, *faktisch-konsistent* zu sein, d. h., daß aus faktisch-wahren Aussagen allemal nur faktisch-wahre Aussagen gemäß *R* ableitbar sind. Die etwa durch „alle Schwäne sind weiß" auszudrückende Regel, nach der aus jeder Aussage „dies ist ein Schwan" abzuleiten ist „dies ist weiß", ist *faktisch-inkonsistent*, weil es Gegenstände gibt, für die „dies ist ein Schwan" wahr, „dies ist weiß" aber falsch ist. Die faktische Konsistenz primitiver Regeln kann — mit Ausnahme der trivialen Regeln der Form

$$\mathfrak{A}_1, \mathfrak{A}_2, \ldots, \mathfrak{A}_n \to \mathfrak{A}_\nu \quad (\nu = 1, \ldots, n)$$

— nicht von der formalen Logik begründet werden.

Mit diesem Begriff der faktischen Konsistenz eines primitiven Regelsystems kann hier die Erörterung der sprachlichen Grundbegriffe abgeschlossen werden. Es sei nur noch anhangsweise auf die Frage eingegangen, inwiefern man bei Prädikaten und Aussagen von *„Bedeutungen"* sprechen kann, wie das in Analogie zu den Eigennamen, die Gegenstände bezeichnen, naheliegt. Man könnte auf die Einführung von Bedeutungen für das Folgende verzichten. Nach der zur Zeit üblichen Lehre wird aber den Prädikaten in zweierlei Sinne eine Bedeutung zugeordnet, nämlich *intensional* ein *Relationsbegriff* (im einstelligen Fall: ein *Klassenbegriff*) und *extensional* eine *Relation* (im einstelligen Fall: eine *Klasse*). Die Terminologie ist im wesentlichen von CARNAP 1947 und CHURCH 1956 übernommen.

Es seien $\mathfrak{P}$ und $\mathfrak{Q}$ etwa einstellige Prädikate. Sind dann für jedes $\mathfrak{S}$ die Aussagen $\mathfrak{S} \varepsilon \mathfrak{P}$ und $\mathfrak{S} \varepsilon \mathfrak{Q}$ allemal beide faktisch-wahr oder beide faktisch-falsch (dies kann man — genau genommen — nur dann wissen, wenn nur endlich viele Subjekte in Betracht kommen), so heißen die Prädikate $\mathfrak{P}$ und $\mathfrak{Q}$ *extensional-gleich*. Von extensional-gleichen einstelligen Prädikaten wird gesagt, daß sie (extensional) dieselbe *Klasse* bedeuten. Man veranschaulicht sich eine solche Klasse als „Zusammenfassung" von Gegenständen, nämlich der Gegenstände $\mathfrak{S}$, für die $\mathfrak{S} \varepsilon \mathfrak{P}$ faktisch-wahr ist. Das sind nämlich dieselben Gegenstände $\mathfrak{S}$, für die $\mathfrak{S} \varepsilon \mathfrak{Q}$ faktisch-wahr ist. Bei den Klassen handelt es sich jedoch nicht um konkrete Zusammenfassungen, sondern um *abstrakte* Gegenstände, die auf Grund der extensionalen Gleichheit als Abstraktionen von Prädikaten eingeführt werden können. (Die dazu erforderliche Theorie der Abstraktion wird erst in VI § 13 entwickelt werden.)

Für mehrstellige Prädikate gilt Entsprechendes mit *Relationen* statt Klassen.

Von den intensionalen Bedeutungen der Prädikate kann nur gesprochen werden in bezug auf ein (primitives) Regelsystem. Sind nach dem Regelsystem *R* die Aussagen $\mathfrak{S} \varepsilon \mathfrak{Q}$ aus den Aussagen $\mathfrak{S} \varepsilon \mathfrak{P}$ allemal, d. h. für alle Subjekte $\mathfrak{S}$, ableitbar, und umgekehrt, so heißen die Prädikate $\mathfrak{P}$ und $\mathfrak{Q}$ *intensional-gleich* bezüglich *R*. Die intensionale Gleichheit kann auch bei unendlich vielen Subjekten festgestellt werden, weil es genügt, die Aussageformen $s \varepsilon \mathfrak{P}$ und $s \varepsilon \mathfrak{Q}$ zu betrachten. Von intensional-gleichen einstelligen Prädikaten wird nun — wieder auf Grund einer Abstraktion — gesagt, daß sie (intensional) denselben *Klassenbegriff* bedeuten. Die intensionale Bedeutung eines mehrstelligen Prädikates heißt entsprechend ein *Relationsbegriff*.

Ist das Regelsystem R faktisch-konsistent, so sind intensional-gleiche Prädikate allemal auch extensional-gleich. Jeder Klassenbegriff *bestimmt* dann eindeutig eine Klasse, jeder Relationsbegriff eindeutig eine Relation. Umgekehrt brauchen aber extensional-gleiche Prädikate nicht auch intensional-gleich zu sein, wie schon das platonische Beispiel der Gleichheit der Klassen der Menschen und der ungefiederten Zweifüßler zeigt.

Analog zu dieser Lehre von den zweierlei Bedeutungen der Prädikate sind von Frege 1892 auch für Aussagen zweierlei Bedeutungen eingeführt. Aussagen $\mathfrak{a}$ und $\mathfrak{b}$ heißen extensional- bzw. (bezüglich *R*) intensional-gleich, wenn $\mathfrak{a}$ und $\mathfrak{b}$ beide faktisch-wahr oder beide faktisch-falsch, bzw. $\mathfrak{a}$ und $\mathfrak{b}$ auseinander ableitbar sind bzgl. *R*.

Hiernach sind alle faktisch-wahren Aussagen extensional-gleich, ebenso alle faktisch-falschen Aussagen. Von extensional-gleichen Aussagen sagt man nach Frege, daß sie denselben *Wahrheitswert* bedeuten. Es gibt also genau zwei Wahrheitswerte, nämlich den Wahrheitswert „*Wahrheit*", die Bedeutung der faktisch-wahren Aussagen, und den

Wahrheitswert *„Falschheit"*, die Bedeutung der faktisch-falschen Aussagen. Von intensional-gleichen Aussagen sagte FREGE, daß sie denselben *Gedanken* ausdrücken. Dieser Terminus „Gedanke" ist mißverständlich, da er üblicherweise einen psychischen Akt meint. Im Englischen ist der Terminus *„proposition"* für die intensionale Bedeutung von Aussagen üblich geworden. Es werde daher hier für die intensionalen Bedeutungen von Aussagen der entsprechende LEIBNIZsche Terminus „Urteil" gebraucht.

Wir haben damit insgesamt die folgende Tabelle (vgl. § 13) erhalten:

Zeichen		Prädikat	(Einstelliges Pr.)	Aussage
Bedeutung	Intension	Relationsbegriff	(Klassenbegriff)	Urteil
	Extension	Relation	(Klasse)	Wahrheitswert

§ 2 Die syllogistischen Modi

Die *Syllogistik* beschäftigt sich nicht mit primitiven Aussagen. Das Schulbeispiel, das aus „alle Menschen sind sterblich" und „Cajus ist ein Mensch" auf „Cajus ist sterblich" schließt und in dem zwei primitive Aussagen vorkommen, ist erst von der *Scholastik* (OCKHAM) zu den *aristotelischen* Schlüssen hinzugenommen worden. ARISTOTELES (—384/—322) betrachtet für seine Schlüsse nur Aussagen der vier Formen

(a) Alle *P* sind *Q*,
(i) Einige *P* sind *Q*,
(e) Kein *P* ist *Q*,
(o) Nicht alle *P* sind *Q*,

die alle nicht primitiv sind. Sie enthalten nämlich zwei Prädikate *P* und *Q* und kein Subjekt, d. h. keinen Eigennamen für Gegenstände. Was in der Grammatik als Subjekt der Aussagen aufgefaßt wird, ist dabei für die Logik belanglos. Die Beschränkung auf die vier Formen ist folgendermaßen zu begründen: Es werden die Gegenstände betrachtet, denen das Prädikat P zukommt, und es wird gefragt, ob diesen Gegenständen auch das Prädikat Q zukommt. Ohne Gegenstände einzeln nennen zu müssen, lassen sich zunächst die beiden extremen Fälle unterscheiden, daß Q allen P (genauer: allen Gegenständen, denen P zukommt) zukommt, bzw. daß Q keinem P zukommt. Das sind die Fälle *(a)* bzw. *(e)*. Als dritte Möglichkeit bleibt, daß Q einigen, aber nicht allen P zukommt. Die Behauptung, daß diese dritte Möglichkeit vorliegt, läßt sich also in die beiden Teilbehauptungen *(i)* und *(o)* aufspalten. Auf eine genauere Analyse der syllogistischen Aussageformen können wir erst später eingehen (V, § 10). Es entspricht dem *aristotelischen* Standpunkt, diese Aussagen als unmittelbar verständliche Aussagen über die vorkommenden Prädikate (oder auch über die Bedeutungen dieser Prädikate) aufzufassen. Die Bezeichnung der Aussageformen durch die Vokale *a, i, e, o* geht auf die *mitelalterliche* Logik zurück. Nach dem Merkwort „affirmo" kennzeichnen *a* und *i* die affirmativen Aussagen — und zwar *a* die *generelle affirmative* Aussage, *i* die *partikulare affirmative* Aussage. Entsprechend wird nach dem Merkwort „nego" durch *e* die *generelle negative*, durch *o* die *partikulare negative* Aussage bezeichnet. Wir werden die Vokale *a, i, e, o* auch zur symbolischen Formulierung dieser Aussagen verwenden, indem wir abkürzen ($\leftrightharpoons$ steht zur Kennzeichnung einer Definition)

$P\,a\,Q \leftrightharpoons$ alle P sind Q,
$P\,i\,Q \leftrightharpoons$ einige P sind Q,
$P\,e\,Q \leftrightharpoons$ kein P ist Q,
$P\,o\,Q \leftrightharpoons$ nicht alle P sind Q.

Wir haben damit wieder die Form primitiver Aussagen erreicht, wobei *a*, *i*, *e* und *o* als zweistellige Prädikate (Relationen) über Prädikate auftreten. Auch ARISTOTELES formuliert die Aussagen so, daß sie von *P* und *Q* begrenzt wurden. Daher hießen die Prädikate bei ihm „*ὅροι*", was lateinisch „*termini*" ergab. Die *aristotelischen* Formulierungen lassen sich z. B. so übersetzen: „*Q* gehört zu allen *P*", statt „alle *P* sind *Q*". Die Reihenfolge der Prädikate ist dabei also vertauscht.

Gibt man zu, daß die Aussagen $\mathfrak{P}\,a\,\mathfrak{M}$ und $\mathfrak{M}\,a\,\mathfrak{Q}$ wahr sind, so muß man auch die Wahrheit von $\mathfrak{P}\,a\,\mathfrak{Q}$ zugeben. ARISTOTELES sagt, daß aus $\mathfrak{P}\,a\,\mathfrak{M}$ und $\mathfrak{M}\,a\,\mathfrak{Q}$ die Aussage $\mathfrak{P}\,a\,\mathfrak{Q}$ mit Notwendigkeit folgt. Wir haben hier das Musterbeispiel eines logischen Schlusses: aus den Formen $P\,a\,M$ und $M\,a\,Q$ folgt logisch $P\,a\,Q$. Wir symbolisieren dieses durch

(2.1) $$P\,a\,M \text{ und } M\,a\,Q \prec P\,a\,Q.$$

$\prec$ bedeutet also die *logische Implikation*.

Wir nehmen das Bestehen der logischen Implikation (2.1) bis auf weiteres (V, § 10) als selbstverständlich hin. Wir nehmen also (2.1) als ein *Axiom* der Syllogistik an, ebenso wie man in der Geometrie gewisse selbstverständliche Sätze als Axiome an den Anfang der Theorie stellt. Wir werden erst später sehen, daß die Logik ihrem Wesen nach keine axiomatische Theorie sein kann, aber die Syllogistik als ein Teil der Logik läßt sich so auffassen.

Zu dem Axiom (2.1) fügen wir als weiteres Axiom noch die triviale Aussageform

(2.2) $$P\,a\,P,$$

d. h. „alle P sind P", hinzu — und werden damit schon ein für das Folgende hinreichendes *Axiomensystem* zur Verfügung haben.

Die übrigen Relationen i, e, o der Syllogistik lassen sich durch Definitionen auf a zurückführen. Man definiere zunächst i dadurch, daß man festsetzt, $P\,i\,Q$ solle genau dann wahr sein, wenn für mindestens ein Prädikat M sowohl $M\,a\,P$ als auch $M\,a\,Q$ wahr sind. Es werde also definiert

(2.3) $$P\,i\,Q \leftrightharpoons M\,a\,P \text{ und } M\,a\,Q \text{ für ein } M.$$

Wir definieren ferner e als Negation von i

(2.4) $$P\,e\,Q \leftrightharpoons P\,i'Q,$$

und in Analogie zu (2.3) definieren wir o durch

(2.5) $$P\,o\,Q \leftrightharpoons M\,a\,P \text{ und } M\,e\,Q \text{ für ein } M.$$

Diese Definitionen von i und o werden m. W. zuerst bei v. FREYTAG-LÖRINGHOFF 1949 benutzt. $P\,i\,Q$ bedeutet hiernach nicht, daß es ein Subjekt $\mathfrak{s}$ gibt mit $\mathfrak{s}\,\varepsilon\,P$ und $\mathfrak{s}\,\varepsilon\,Q$, sondern daß es ein Prädikat M mit $M\,a\,P$ und $M\,a\,Q$ gibt. Damit diese Definition sinnvoll ist, muß angenommen werden, daß nur Prädikate aus einer vorgegebenen Klasse (etwa einer sog. Begriffspyramide) betrachtet werden. Daß e als Negation von i definiert wird, entspricht der verbalen Formulierung. o ist dagegen nach (2.5) nicht die Negation von a. Später wird sich zeigen, daß o und a konträr sind, mehr wird aber für die Theorie der syllogistischen Modi auch nicht gebraucht. Zur Veranschaulichung dieser Definitionen betrachten wir Kreise an Stelle der Prädikate (Klassen). Für zwei Kreise P, Q in einer Ebene sei $P\,a\,Q$ gesetzt, wenn der Kreis P im Kreis Q enthalten ist. Die vier Relationen a, i, e, o werden dann durch folgende Figuren dargestellt:

$P\,a\,Q$

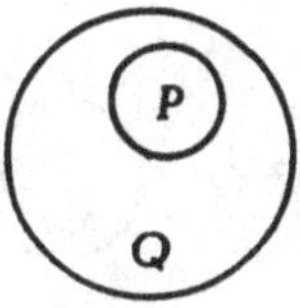

$P\,i\,Q$

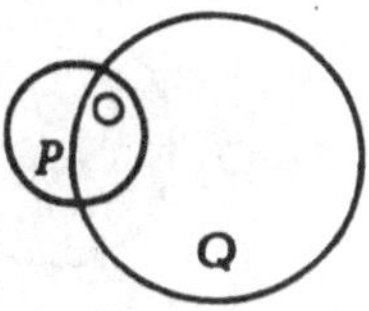

$P\,e\,Q$

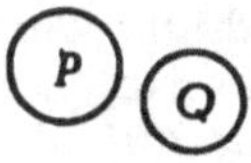

$P\,o\,Q$

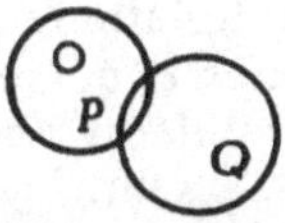

Der dritte Kreis in den Figuren für *i* und *o* stellt dabei einen der Kreise dar, deren Existenz in den Definitionen gefordert wird. Wie man an diesen Figuren sieht — aber die Definitionen ergeben es auch unmittelbar —, sind die Relationen *i* und *e* *symmetrisch*, d. h., es gilt $P\,i\,Q$ genau dann, wenn $Q\,i\,P$ gilt, ebenso $P\,e\,Q$ genau dann, wenn $Q\,e\,P$. *a* und *o* sind dagegen nicht symmetrisch. Wenn der Kreis *P* in dem Kreis *Q* enthalten ist, so ist — es sei denn, daß die Kreise gleich sind — nicht auch *Q* in *P* enthalten. Die Relation, die zwischen *Q* und *P* besteht, wenn $P\,a\,Q$ gilt, heißt die zu *a* *konverse* Relation und werde mit $\tilde{a}$ bezeichnet, also

(2.6) $$Q\,\tilde{a}\,P \leftrightharpoons P\,a\,Q.$$

Ein geläufiges Beispiel für die *Konversion* ist dieses: „Ist x Lehrer von y, dann ist y Schüler von x." „Schüler" ist die zu „Lehrer" konverse Relation.

Wir führen auch die zu *o* konverse Relation $\tilde{o}$ ein:

(2.7) $$Q\,\tilde{o}\,P \leftrightharpoons P\,o\,Q$$

und haben für diese Relationen $\tilde{a}$, $\tilde{o}$ dann die folgenden Darstellungen durch Kreise

$P\,\tilde{a}\,Q$

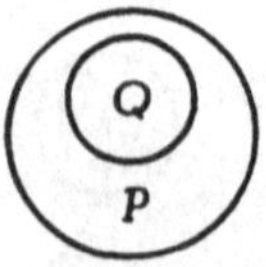

$P\,\tilde{o}\,Q$

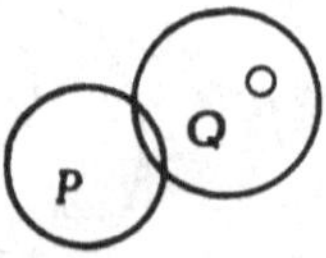

ARISTOTELES und die *Scholastik* kennen diese konversen Relationen nicht. Die Betrachtung der sechs Relationen *a*, *ã*, *i*, *e*, *o*, *õ* statt der klassischen vier *a*, *i*, *e*, *o* vereinfacht aber die Lösung der Aufgabe der *Syllogistik* sehr. Diese besteht darin zu untersuchen, welche Schlüsse möglich sind, die — wie in (2.1) — aus zwei Aussagen, den *Prämissen*, eine weitere Aussage, die *Konklusion*, logisch folgern. Kommen in der Konklusion die Prädikate P und Q vor, so soll in den Prämissen ein weiteres Prädikat M vorkommen. Für die beiden Prämissen bestehen daher vier Möglichkeiten der Anordnung, so daß die folgenden Schlußformen, die traditionell *Figuren* genannt werden, entstehen.

$$\begin{array}{rl} \text{I.} & M\varrho Q \text{ und } P\sigma M \prec P\tau Q, \\ \text{II.} & Q\varrho M \text{ und } P\sigma M \prec P\tau Q, \\ \text{III.} & M\varrho Q \text{ und } M\sigma P \prec P\tau Q, \\ \text{IV.} & Q\varrho M \text{ und } M\sigma P \prec P\tau Q, \end{array}$$

wobei die Variablen ϱ, σ, τ für die vier Relationen *a*, *i*, *e*, *o* stehen. Hat man jedoch zu jeder Relation auch die Konverse zur Verfügung, so genügt es natürlich, sich auf eine Figur zu beschränken. Wir betrachten daher nur Schlüsse der Form

(2.8) $$P\varrho M \text{ und } M\sigma Q \prec P\tau Q,$$

wobei hier für ϱ, σ, τ je eine der sechs Relationen *a*, *ã*, *i*, *e*, *o*, *õ* einzusetzen ist. Diese Schlüsse nennen wir *normierte* Syllogismen. Da — wie oben erwähnt — bei ARISTOTELES die Reihenfolge der Prädikate vertauscht ist, sind bei ihm die Syllogismen der I. Figur normiert. Sie heißen bei ARISTOTELES *„vollkommen"*.

Das Axiom (2.1) ist ein normierter Syllogismus. Unsere Definitionen (2.3) und (2.5) liefern ebenfalls sofort solche Syllogismen, nämlich

$$P \tilde{a} M \text{ und } M a Q \prec P i Q,$$
$$P \tilde{a} M \text{ und } M e Q \prec P o Q.$$

Nach den Definitionen gelten aber nicht nur diese Implikationen, sondern sogar

(2.9) $P \tilde{a} M$ und $M a Q$ für ein $M \asymp P i Q$,

(2.10) $P \tilde{a} M$ und $M e Q$ für ein $M \asymp P o Q$.

wobei $\asymp$ die logische *Äquivalenz*, d. h. die logische Implikation in beiden Richtungen, symbolisiert.

Auch (2.1) läßt sich zu einer Äquivalenz verschärfen:

(2.11) $P a M$ und $M a Q$ für ein $M \asymp P a Q$.

Denn für die $\succ$ - Implikation braucht man links für M nur P zu wählen: Aus $P a Q$ folgt — nach (2.2) — $P a P$ und $P a Q$.

Es liegt daher nahe, zunächst nach allen Äquivalenzen der Form

(2.12) $P \varrho M$ und $M \sigma Q$ für ein $M \asymp P \tau Q$

zu fragen. Jetzt ist die Relation τ durch ϱ und σ eindeutig bestimmt, wenn (2.12) gelten soll. τ heißt das *Relationenprodukt* von ϱ und σ, und man schreibt kurz:

$$\varrho \mid \sigma = \tau.$$

Bedeutet z. B. $x \varrho y$, daß x ein Sohn von y ist, und $y \sigma z$, daß y und z Geschwister sind, so bedeutet $x \varrho \mid \sigma z$, daß x ein Sohn eines Geschwisters von z ist, d. h. daß x ein Neffe von z ist, kurz:

Neffe = Sohn | Geschwister.

Man beachte, daß die Relationen „Geschwister | Sohn" und „Sohn | Geschwister" voneinander verschieden sind.

Mit dieser Multiplikation der Relationen läßt sich die Aufgabe der Syllogistik so formulieren: Es ist eine Multiplikationstafel aufzustellen, die angibt, welche Produkte aus den sechs Relationen a, $\tilde{a}$, e, i, o, $\tilde{o}$ wieder eine dieser Relationen sind. Die Auffassung der Syllogismen als *Relationenmultiplikationen* findet sich zuerst bei DE MORGAN 1847. Sie gestattet eine Lösung der Aufgabe der Syllogistik, die gegenüber den *aristotelischen* Methoden übersichtlicher ist.

Obwohl die Theorie der zweistelligen Prädikate (Relationen) erst später systematisch entwickelt werden kann (VI, § 13), wollen wir das für die Syllogistik erforderliche hier — gewissermaßen auf einer unkritischen Stufe — vorwegnehmen.

Bildet man für die Relationen ϱ, σ, τ zunächst $\varrho \mid \sigma$ und multipliziert man dieses Produkt mit τ — wir schreiben dann $\varrho \mid \sigma \dot{\mid} \tau$, wobei der Punkt über dem zweiten Multiplikationsstrich angibt, daß diese Multiplikation später als die erste auszuführen ist —, so erhält man dasselbe Resultat, wie wenn man erst $\sigma \dot{\mid} \tau$ und dann $\varrho \dot{\mid} \sigma \mid \tau$ bildet, d. h. es gilt die Gleichung

$$\varrho \mid \sigma \dot{\mid} \tau = \varrho \dot{\mid} \sigma \mid \tau.$$

Gilt nämlich $P \, \varrho \mid \sigma \, M$ und $M \, \tau \, Q$ für ein M, so gilt für ein N auch $P \, \varrho \, N$ und $N \, \sigma \, M$, also auch $P \, \varrho \, N$ und $N \, \sigma \mid \tau \, Q$. Dieser Schluß läßt sich umkehren: Die Reihenfolge, in der mehrere Faktoren zu Produkten assoziiert werden, ist also beliebig *(Assoziativitätsregel)*.

Wir haben bisher folgende Gleichungen:

(2.13) $a \mid a = a, \quad \tilde{a} \mid a = i, \quad \tilde{a} \mid e = o.$

Aus den beiden ersten folgt jetzt

(2.14) $$i \mid a = \tilde{a} \mid a \mathbin{\dot{\mid}} a = \tilde{a} \mathbin{\dot{\mid}} a \mid a = \tilde{a} \mid a = i.$$

(2.14) bedeutet, daß aus $P\, i\, M$ und $M\, a\, Q$ stets $P\, i\, Q$ folgt. Gilt also $M\, a\, Q$ und $P\, e\, Q$, d. h. nach (2.4) nicht $P\, i\, Q$, so kann auch $P\, i\, M$ nicht gelten: es muß $P\, e\, M$ gelten. Auf diese Weise folgt aus (2.14):

$$M\, a\, Q \text{ und } P\, e\, Q \prec P\, e\, M,$$

was sich leicht — wieder wegen (2.2) — zu

$$M\, a\, Q \text{ und } Q\, e\, P \text{ für ein } Q \asymp M\, e\, P$$

verschärfen läßt. Damit haben wir erhalten

(2.15) $$a \mid e = e.$$

Wir überlegen uns nun noch, daß aus einer Gleichung $\varrho \mid \sigma = \tau$ sofort auf $\sigma \mid \varrho = \tau$ für die zu ϱ, σ, τ konversen Relationen ϱ, σ, τ geschlossen werden kann *(Konversionsregel)*.

Denn $\varrho \mid \sigma = \tau$ bedeutet, daß $P\, \tau\, Q$ äquivalent mit

$$P\, \varrho\, M \text{ und } M\, \sigma\, Q \text{ für ein } M$$

ist. Dieses ist äquivalent mit

$$Q\, \tilde{\sigma}\, M \text{ und } M\, \tilde{\varrho}\, P \text{ für ein } M,$$

also mit $Q\, \tilde{\sigma} \mid \tilde{\varrho}\, P$. Zusammen folgt die gewünschte Äquivalenz von $Q\, \tilde{\tau}\, P$ mit $Q\, \tilde{\sigma} \mid \tilde{\varrho}\, P$.

Anwendung der Konversionsregel liefert wegen $\tilde{i} = i$ und $\tilde{e} = e$ aus den bisherigen Gleichungen die weiteren

(2.16) $$\tilde{a} \mid \tilde{a} = \tilde{a}, \quad e \mid a = \tilde{o}, \quad \tilde{a} \mid i = i, \quad e \mid \tilde{a} = e.$$

Mit Hilfe der Assoziativitätsregel, auf Grund deren die Punkte über den Multiplikationsstrichen weggelassen werden können, folgen

(2.17) $$\tilde{a} \mid o = \tilde{a} \mid \tilde{a} \mid e = \tilde{a} \mid e = o,$$

(2.18) $$o \mid \tilde{a} = \tilde{a} \mid e \mid \tilde{a} = \tilde{a} \mid e = o,$$

(2.19) $$e \mid i = e \mid \tilde{a} \mid a = e \mid a = \tilde{o}$$

und hieraus dann noch einmal durch Konversion

(2.20) $\tilde{o} \mid a = \tilde{o}, \quad a \mid \tilde{o} = \tilde{o}, \quad i \mid e = o.$

Das sind insgesamt 15 Gleichungen, die in folgender konvers-symmetrischer *Multiplikationstafel* zusammengestellt werden können:

	$\tilde{a}$	a	i	e	o	$\tilde{o}$
a		a		e		$\tilde{o}$
$\tilde{a}$	$\tilde{a}$	i	i	o	o	
i		i		o		
e	e	$\tilde{o}$	$\tilde{o}$			
$\tilde{o}$		$\tilde{o}$				
o	o					

Jede dieser Gleichungen liefert einen Syllogismus. Es werde nun berücksichtigt, daß aus (2.2) die folgenden Implikationen folgen:

$$(2.21) \qquad \begin{cases} P\,a\,Q \prec P\,i\,Q \\ P\,\tilde{a}\,Q \prec P\,i\,Q \\ P\,e\,Q \prec P\,o\,Q \\ P\,e\,Q \prec P\,\tilde{o}\,Q. \end{cases}$$

Ist daher die Konklusion eines Syllogismus eine a- oder $\tilde{a}$-Aussage, so erhält man noch einen weiteren Syllogismus mit denselben Prämissen und einer i-Konklusion. Ist die Konklusion eine e-Aussage, so läßt sie sich entsprechend zu einer o- oder $\tilde{o}$-Aussage abschwächen. In der Tabelle treten zweimal die Konklusionen a, $\tilde{a}$ und zweimal e auf, also kommen zu den 15 dargestellten *starken* Syllogismen noch 6 *schwache* Syllogismen hinzu, die nur als Implikationen gelten. Diese werden folgendermaßen dargestellt:

(2.22) $a \mid a \equiv i,\quad \tilde{a} \mid \tilde{a} \equiv i,\quad a \mid e \equiv o,$
$a \mid e \equiv \tilde{o},\quad e \mid \tilde{a} \equiv o,\quad e \mid \tilde{a} \equiv \tilde{o}.$

Insgesamt haben sich 21 normierte Syllogismen ergeben.

Die traditionelle Logik unterscheidet demgegenüber die Schlüsse nach den 4 Figuren, läßt aber $\tilde{a}$ und $\tilde{o}$ nicht zu und muß daher zu einer anderen Anzahl von Schlüssen, den *syllogistischen Modi,* kommen. Zur Bestimmung dieser Anzahl wird davon ausgegangen, daß die Multiplikationstabelle genau 10 Gleichungen enthält, die als Resultat *a, e, i* oder *o* haben. Dazu kommen von den 6 schwachen Syllogismen (2.22) noch 4 hinzu, die als Resultat *i* oder *o* haben. Ein Schluß der I. Figur geht durch Umstellung der Prämissen in einen normierten Syllogismus über. Bei der II. Figur muß vor der Umstellung noch die erste Prämisse konvertiert werden, bei der III. Figur die zweite Prämisse, bei der IV. Figur müssen beide Prämissen konvertiert werden, um normierte Syllogismen zu erhalten. Ein Syllogismus, der in einer Prämisse *e* oder *i* enthält, muß daher — wegen der Symmetrie von *e* und *i* — bei der traditionellen Zählung nach Figuren doppelt auftreten, ein Schluß, der in beiden Prämissen *e* oder *i* enthält, muß sogar vierfach auftreten. Von den obigen 14 Schlüssen enthalten:

6 Schlüsse *e* oder *i* in keiner Prämisse,
7 Schlüsse *e* oder *i* in einer Prämisse,
1 Schluß *e* oder *i* in beiden Prämissen.

Es müssen daher in der Tradition $6 \cdot 1 + 7 \cdot 2 + 1 \cdot 4 = 24$ verschiedene Modi auftreten. Dies ist in der Tat der Fall, wie die folgende Tabelle zeigt:

	I	II	III	IV
$a \mid a = a$	barbara			
$a \mid e = e$	celarent	cesare		
$e \mid \tilde{a} = e$		camestres		calemes
$i \mid a = i$	darii		datisi	
$\tilde{a} \mid i = i$			disamis	dimatis
$i \mid e = o$	ferio	festino	ferison	fresison
$o \mid \tilde{a} = o$		baroco		
$\tilde{a} \mid o = o$			bocardo	
$\tilde{a} \mid a = i$			darapti	
$\tilde{a} \mid e = o$			felapton	fesapo
$\tilde{a} \mid \tilde{a} \subseteqq i$				bamalip
$a \mid a \subseteqq i$	barbari			
$a \mid e \subseteqq o$	celaront	cesaro		
$e \mid \tilde{a} \subseteqq o$		camestros		calemos

Die Modi sind hier mit Phantasiewörtern, die aus der *Scholastik* tradiert sind, gekennzeichnet. Die drei vorkommenden Vokale geben der Reihe nach die Aussageform der beiden Prämissen und der Konklusion an, wie sie in den Figuren auftreten.

In der Tabelle stellen die ersten 10 Zeilen starke Syllogismen dar, die letzten vier schwache Syllogismen. Die Scholastik trennte dagegen die in den letzten drei Zeilen auftretenden Modi als *subalterne* Modi von den übrigen ab. Bamalip, das nur als Implikation gilt, zählt dabei nicht als subaltern, weil die zugehörige Äquivalenz $\tilde{a} \mid \tilde{a} = \tilde{a}$ wegen des $\tilde{a}$ in der Konklusion nicht unter den syllogistischen Modi vorkommt.

Nach der Tradition sind mit diesen 24 Modi alle gültigen Schlüsse erschöpft. Um diese Behauptung zu beweisen, müssen wir für unsere Multiplikationstafel zeigen, daß die Produkte $\varrho \mid \sigma$, die in der Tafel nicht auftreten, *nicht-schlüssig* sind, d. h. keinen Schluß $\varrho \mid \sigma \equiv \tau$ gestatten. Da 15 von den 36 Feldern der Tafel ausgefüllt sind, bleiben 21 Produkte zu untersuchen. Von diesen liegen 5 in der von links oben nach rechts unten verlaufenden Hauptdiagonalen: $a \mid \tilde{a}$, $i \mid i$, $e \mid e$, $\tilde{o} \mid o$, $o \mid \tilde{o}$. Von den restlichen 16 ist nur die Hälfte — etwa diejenigen, die oberhalb der Hauptdiagonalen liegen — zu betrachten:

$a \mid i$, $a \mid o$, $\tilde{a} \mid \tilde{o}$, $i \mid o$, $i \mid \tilde{o}$, $e \mid o$, $e \mid \tilde{o}$, $\tilde{o} \mid \tilde{o}$, weil die andere Hälfte aus den dazu konversen Produkten besteht.

Es wird gezeigt, daß die folgenden vier Produkte

(2.23) $$a \mid \tilde{a},\ a \mid o,\ \tilde{a} \mid \tilde{o},\ e \mid e,$$

nicht-schlüssig sind. Die Nicht-Schlüssigkeit der übrigen Produkte wird daraus folgen. Denn wäre z. B. $a \mid i$ schlüssig, d. h. würde $a \mid i \equiv \tau$ für ein τ gelten, so würde aus (2.21) sofort auch $a \mid \tilde{a} \equiv \tau$ folgen. Aus der Nicht-Schlüssigkeit von $a \mid \tilde{a}$ folgt ebenso die Nicht-Schlüssigkeit von $i \mid i$. Nach (2.21) ergibt die Nicht-Schlüssigkeit von $a \mid o$ und $\tilde{a} \mid \tilde{o}$ die Nicht-Schlüssigkeit von $i \mid o$ bzw. $i \mid \tilde{o}$ und die Nicht-Schlüssigkeit von $e \mid e$ schließlich die Nicht-Schlüssigkeit von $e \mid o$, $e \mid \tilde{o}$, $\tilde{o} \mid o$, $o \mid \tilde{o}$, $\tilde{o} \mid \tilde{o}$. Es bleiben also nur die vier Produkte (2.23) zu untersuchen. Würde für ein Produkt $\varrho \mid \sigma$ gelten: $\varrho \mid \sigma \equiv a$ oder $\varrho \mid \sigma \equiv \tilde{a}$, so würde nach (2.21) auch $\varrho \mid \sigma \equiv i$ gelten. Würde $\varrho \mid \sigma \equiv e$ gelten, so würden $\varrho \mid \sigma \equiv o$ und $\varrho \mid \sigma \equiv \tilde{o}$ gelten. Für die Nicht-Schlüssigkeit eines Produktes $\varrho \mid \sigma$ genügt also die *Ungültigkeit* der folgenden Schlüsse:

$$\varrho \mid \sigma \leqq i, \qquad \varrho \mid \sigma \leqq o, \qquad \varrho \mid \sigma \leqq \tilde{o}.$$

Daß z. B. $\varrho \mid \sigma \leqq i$ nicht gilt, heißt, daß man aus „$P \varrho M$ und $M \sigma Q$" nicht auf $P i Q$ schließen kann. Es muß also Prädikate P, M und Q geben, so daß $P \varrho M$ und $M \sigma Q$ wahr sind, $P i Q$ aber falsch ist, $P e Q$ also wahr ist. Mit anderen Worten:

Die Aussageform

(2.24) $P \varrho M$ und $M \sigma Q$ und $P e Q$

muß *erfüllbar* sein.

Für die Produkte (2.23) wird auch die Erfüllbarkeit der Aussageform

(2.25) $P \varrho M$ und $M \sigma Q$ und $P a Q$

gezeigt. Daraus folgt die Ungültigkeit des Schlusses $\varrho \mid \sigma \leqq o$. Wäre dieser Schluß nämlich gültig, so lieferte die Erfüllung von (2.25) zwei Prädikate P und Q mit $P a Q$ und $P o Q$. Wegen $o = \tilde{a} \mid e$ gäbe es also ein Prädikat N mit $P a Q$ und $P \tilde{a} N$ und $N e Q$. Hieraus folgte $N a P$ und $P a Q$, also $N a Q$ nach barbara und $N i Q$ nach (2.21) „$N e Q$ und $N i Q$" ist aber ein Widerspruch, da e als Negation von i definiert war.

Entsprechend folgt aus der Erfüllbarkeit der Aussageform

(2.26) $P \varrho M$ und $M \sigma Q$ und $P \tilde{a} Q$

die Ungültigkeit des Schlusses $\varrho \mid \sigma \leqq \tilde{o}$.

Es bleibt danach übrig, für die vier Produkte (2.23) die Erfüllbarkeit der Aussageformen (2.24) — (2.26) zu zeigen. Dazu genügen vier Prädikate $\mathfrak{P}_1$, $\mathfrak{P}_2$, $\mathfrak{P}_3$, $\mathfrak{P}_4$, für die gilt

(2.27) $\mathfrak{P}_1 \, e \, \mathfrak{P}_2$, $\mathfrak{P}_1 \, a \, \mathfrak{P}_3$, $\mathfrak{P}_2 \, a \, \mathfrak{P}_3$, $\mathfrak{P}_3 \, e \, \mathfrak{P}_4$.

Die Existenz solcher Prädikate ist für unsere Darstellung der Syllogistik als das dritte *Axiom* einzuführen.

ARISTOTELES benutzt z. B. die Prädikate: Mensch, Pferd, Lebewesen, Stein. Die Aussagen (2.27) lassen sich dann so veranschaulichen:

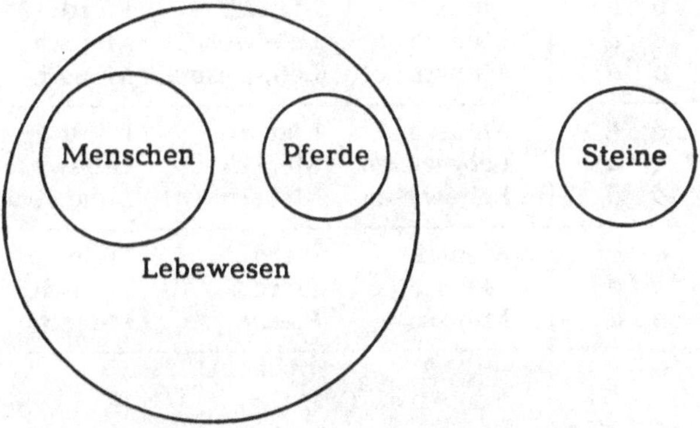

Die Erfüllbarkeit der Aussageformen

$$P \varrho M \text{ und } M \sigma Q \text{ und } P \tau Q$$

durch drei Prädikate, die für *P, M, Q* einzusetzen sind, ist aus der Tabelle auf S. 30 zu entnehmen.

Daß (2.22) alle schwachen Syllogismen aufzählt, wird ebenso durch Widerlegung der folgenden Implikationen

$$e \leqq i, \; a \leqq o, \; a \leqq \tilde{o}, \; a \leqq \tilde{a}, \; o \leqq \tilde{o}$$

bewiesen, wozu das Bisherige ausreicht. Damit ist gezeigt, *daß die angegebenen 21 Schlüsse alle normierten Syllogismen erschöpfen* — die traditionellen 24 Modi erschöpfen daher auch alle Schlüsse, die in den vier Figuren möglich sind.

ρ	*ο*	*τ*	*P*	*M*	*Q*
a	*ã*	e	Mensch	Lebewesen	Pferd
a	*ã*	*a*	Stein	Stein	Stein
a	*ã*	*ã*	Stein	Stein	Stein
a	o	e	Mensch	Mensch	Pferd
a	o	*a*	Mensch	Lebewesen	Mensch
a	o	*ã*	Mensch	Lebewesen	Mensch
ã	*õ*	e	Mensch	Mensch	Pferd
ã	*õ*	*a*	Lebewesen	Mensch	Lebewesen
ã	*õ*	*ã*	Lebewesen	Mensch	Lebewesen
e	e	e	Mensch	Pferd	Stein
e	e	*a*	Mensch	Pferd	Mensch
e	e	*ã*	Mensch	Pferd	Mensch

II. Klassische Logik der Junktoren

§ 3 Konjunktion und Negation

Die Logik der Junktoren ist historisch in der von EUKLID VON MEGARA (um —400) gegründeten Schule und anschließend in der Stoa (insbesondere CHRYSIPP um —250) zusätzlich zur *aristotelischen* Syllogistik entwickelt worden. Die megarisch-stoische Logik ging aus von der *Konjunktion* „und" und der *Negation* „nicht" und untersuchte die Implikationen zwischen Aussagen, die mit diesen Junktoren zusammengesetzt sind. Das Bedürfnis zu einer solchen Erweiterung der Syllogistik ergab sich aus der Tatsache, daß ARISTOTELES beim Beweis der Gültigkeit oder Ungültigkeit von Syllogismen solche junktorenlogischen

Schlüsse vollzog — ohne sie explizit als logische Schlüsse formuliert zu haben.

Auch die Darstellung der Syllogistik in Kap. I, die im übrigen von der *aristotelischen* Darstellung abweicht, hat diese Eigenschaft, logische Schlüsse, die nicht zur Syllogistik gehören, „naiv" zu gebrauchen. Die Konjunktion „und" tritt schon bei der Formulierung der Syllogismen auf:

$$P\,\varrho\,M \text{ und } M\,\sigma\,Q \mathrel{\dot{\prec}} P\,\tau\,Q.$$

Werden für die auftretenden Aussagen die Buchstaben a, b, c als Variable benutzt, so läßt sich die Form der Syllogismen darstellen durch

$$a \text{ und } b \prec c.$$

Das ist natürlich kein logischer Schluß mehr, aber wird z. B. c durch a oder b ersetzt, so entstehen

$$a \text{ und } b \prec a$$
$$a \text{ und } b \prec b$$

und damit die ersten Beispiele junktorenlogischer Schlüsse.

Für die Konjunktion „und" wird nach HEYTING 1930 das Zeichen $\wedge$ verwendet:

(3.1) $\wedge \leftrightharpoons$ und.

PEANO schrieb $\cap$, während nach BOOLE bzw. HILBERT häufig auch $\cdot$ bzw. & für die Konjunktion verwendet werden. Eine einheitliche Bezeichnungsweise hat sich für die logischen Partikeln bisher nicht durchgesetzt. $(a \wedge b) \wedge c$ steht für die Konjunktion von $a \wedge b$ und c. Statt der Klammern werden wir auch hier kürzer $a \wedge b \mathbin{\dot{\wedge}} c$ schreiben: die durch den Punkt ausgezeichnete Konjunktion bindet schwächer als die andere. Entsprechend schreiben wir z. B. $a \mathbin{\ddot{\wedge}} b \wedge c \mathbin{\dot{\wedge}} d$ statt

$a \wedge ((b \wedge c) \wedge d)$ (je mehr Punkte, desto schwächer!) Es gilt jedoch auch hier eine Assoziativitätsregel:

$$a \wedge b \mathbin{\dot{\wedge}} c \asymp a \mathbin{\dot{\wedge}} b \wedge c,$$

so daß ohne Gefahr dann, wenn logisch äquivalente Formeln nicht unterschieden zu werden brauchen, Klammern und Punkte bei mehrgliedrigen Konjunktionen weggelassen werden können.

Für die Negation „nicht" wird nach HEYTING 1930 das Zeichen $\neg$ verwendet, also

(3.2) $$\neg \leftrightharpoons \text{nicht}.$$

Dieses Zeichen soll an das Minuszeichen der Arithmetik erinnern, PEANO schrieb $-a$, nach RUSSELL wird häufig $\sim a$ benutzt. Besonders bequem ist die HILBERTsche Schreibweise, bei der die Negation durch Überstreichen der Aussage ausgedrückt wird. Man kann dann z. B. statt $\neg(a \wedge b)$ ohne Klammern $\overline{a \wedge b}$ schreiben. Wird $\neg$ benutzt, so werden die Klammern, um das Formelbild zu entlasten, durch Punkte auf der Zeile ersetzt, indem z. B. $\neg\,.\,a \wedge b.$ statt $\neg(a \wedge b)$ geschrieben wird.

Mit Konjunktion und Negation läßt sich nun aus den Aussagevariablen $a, b, \ldots$ eine Fülle von Aussageformen zusammensetzen, z. B. $\neg a \wedge \neg b$,

$$\neg \neg\,.\,\neg a \wedge b\,.\, \wedge \neg c.$$

Es ist die Aufgabe, die *Implikationen* $A \prec B$ (A heißt *Implikans*, B *Implikat*) zwischen allen diesen Aussageformen zu untersuchen. Für die zu betrachtenden Aussageformen werden neue Variable, nämlich die Buchstaben A, B, C usw. benutzt. Hier ist zu beachten, daß jetzt über Aussageformen zu sprechen ist (nämlich über die Implikationen zwischen ihnen). Dazu werden Variable gebraucht, die mit den in den

Aussageformen vorkommenden Aussagevariablen $a, b, \ldots$ nicht zu verwechseln sind. In Übereinstimmung damit, daß man eine Sprache, in der über eine andere Sprache gesprochen wird, eine *Metasprache* nennt, nennt man die Variablen $A, B, C, \ldots$ kurz *Metavariable*. Die HILBERTsche Negationsbezeichnung, die häufiger verwendet werden wird, wird mit diesen Metavariablen durch

(3.3) $$\overline{A} \leftrightharpoons \neg A$$

eingeführt.

Mehrere der Implikationen zwischen Aussageformen, die mit $\wedge$ und $\overline{}$ zusammengesetzt sind, wurden in § 2 schon stillschweigend benutzt. Für die Symmetrie der Relaticn *i* ist z. B.

(3.4) $$A \wedge B \asymp B \wedge A$$

benutzt worden; um dann die Symmetrie von *e* zu erschließen, brauchte man die Regel

(3.5) $$\text{wenn } A \asymp B, \text{ dann } \overline{A} \asymp \overline{B}.$$

Für den Beweis von (2.15) geht man von einer Implikation der Form $A \wedge B \prec C$ (nämlich $P\,i\,M \wedge M\,a\,Q \prec P\,i\,Q$) aus und schließt daraus auf $A \wedge \overline{C} \prec \overline{B}$.

Es wird also die *Kontrapositionsregel* verwendet:

(3.6) $$\text{wenn } A \wedge B \prec C, \text{ dann } A \wedge \overline{C} \prec \overline{B}.$$

Zum Beweis der Ungültigkeit gewisser Modi haben wir — anschließend an (2.25) — aus $P\,a\,Q$ auf $\overline{P\,o\,Q}$ geschlossen, und zwar dadurch, daß wir aus $P\,a\,Q \wedge P\,o\,Q$ einen Widerspruch, d. h. eine Aussage der Form $C \wedge \overline{C}$ gefolgert haben. Hier haben wir also die *Widerlegungsregel*

(3.7) $$\text{wenn } A \wedge B \prec C \text{ und } A \wedge B \prec \overline{C}, \text{ dann } A \prec \overline{B}$$

verwendet.

Auch solche noch selbstverständlicheren Regeln wie

(3.8) *wenn* $A \prec B$ *und* $B \prec C$, *dann* $A \prec C$

(3.9) *wenn* $C \prec A$ *und* $C \prec B$, *dann* $C \prec A \wedge B$

wurden stillschweigend verwendet.

Um eine Übersicht über alle Implikationen zwischen den betrachteten Aussageformen zu erhalten, wird wieder die *axiomatische Methode* angewandt. Wir gehen von einigen *Grundimplikationen* und *Grundregeln aus,* die sich durch Einfachheit und Selbstverständlichkeit auszeichnen, und werden dann die Folgerungen aus diesen *Axiomen* untersuchen.

Schon in der *Antike* waren — vgl. BOCHENSKI 1956 — Axiomensysteme bekannt, die gestatteten alle Implikationen zu gewinnen. Wenn die *antiken* Axiomensysteme auch nicht genau überliefert sind, kann man doch von dem folgenden System sagen, daß es den in der *Antike* benutzten ähnlich ist.

Axiomensystem für „und" und „nicht":

A1: $A \prec A$

A2: *Wenn* $A \prec B$ *und* $B \prec C$, *dann* $A \prec C$

A3: $A \wedge B \prec A$

A4: $A \wedge B \prec B$

A5: *Wenn* $C \prec A$ *und* $C \prec B$, *dann* $C \prec A \wedge B$

A6: *Wenn* $A \wedge \overline{B} \prec \overline{C}$, *dann* $A \wedge C \prec B$

Aus diesen Axiomen erhält man dadurch Implikationen zwischen Aussageformen, daß man die Metavariablen in den Grundimplikationen A1, A3 und A4 durch Aussageformen ersetzt, z. B. erhält man aus A3:

$$a \wedge \overline{b} \wedge c \prec a \wedge \overline{b}.$$

Die Grundregeln A2, A5 und A6 gestatten dann, von den so erhaltenen Implikationen auf weitere zu schließen.

Die bisher erwähnten Implikationen und Regeln, die nicht zu den Axiomen gehören, lassen sich aus den Axiomen beweisen. Es werde begonnen mit:

(3.10) *wenn* $A \wedge A \prec B$, *dann* $A \prec B$.

Beweis:

0.	$A \wedge A \prec B$	
1.	$A \prec A$	A1
2.	$A \prec A$	A1
3.	$A \prec A \wedge A$	A5 aus 1,2
4.	$A \prec B$	A2 aus 0,3.

Die Beweisschritte sind hier numeriert. Aus der „*Hypothese*" 0. werden nach den Axiomen der Reihe nach die Formeln 1.—4. erschlossen.

Als nächstes soll gezeigt werden, daß für jede Aussageform A stets A und $\bar{\bar{A}}$ äquivalent sind:

(3.11) $\bar{\bar{A}} \prec A$

1.	$\bar{\bar{A}} \wedge \bar{\bar{\bar{A}}} \prec \bar{\bar{A}}$	A3
2.	$\bar{\bar{A}} \wedge \bar{A} \prec \bar{\bar{\bar{A}}}$	A6
3.	$\bar{\bar{A}} \wedge \bar{\bar{A}} \prec A$	A6
4.	$\bar{\bar{A}} \prec A$	(3.10)

(3.12) $A \prec \bar{\bar{A}}$

1.	$A \wedge \bar{\bar{\bar{A}}} \prec \bar{\bar{\bar{A}}}$	A4
2.	$A \wedge \bar{\bar{\bar{A}}} \prec \bar{A}$	A2 aus (3.11), 1
3.	$A \wedge A \prec \bar{\bar{A}}$	A6; 2
4.	$A \prec \bar{\bar{A}}$	(3.10), 3

(3.11) und (3.12) ergeben zusammen die Äquivalenz $A \asymp \bar{\bar{A}}$.

Hieraus folgt weiter die *Regel der doppelten Verneinung,* die besagt, daß man dann, wenn man an irgendeiner Stelle einer Aussage eine doppelte Verneinung wegläßt, immer eine äquivalente Aussage erhält. Wegen der Äquivalenz von A und $\overline{\overline{A}}$ genügen zum Beweis die folgenden Regeln:

(3.13) *wenn* $A \asymp B$, *dann* $A \wedge C \asymp B \wedge C$

(3.14) *wenn* $A \asymp B$, *dann* $C \wedge A \asymp C \wedge B$

(3.15) *wenn* $A \asymp B$, *dann* $\overline{A} \asymp \overline{B}$.

Aus ihnen folgt nämlich allgemeiner, *daß man dann, wenn man an irgendeiner Stelle einer Aussage eine Teilaussage durch eine äquivalente ersetzt, immer eine äquivalente Aussage erhält.* Um das einzusehen, hat man sich zu vergegenwärtigen, daß die gesamte Aussage aus den Teilaussagen nur durch Konjunktionen und Negationen aufgebaut ist.

Die Beweise von (3.13) und (3.14) sind so trivial wie der von (3.10). Solche Beweise sollen im folgenden nicht mehr ausgeführt werden.

Für (3.15) genügt es zu zeigen;

(3.16) *wenn* $A < B$, *dann* $\overline{B} < \overline{A}$

Beweis:

0.	$A < B$	
1.	$\overline{B} \wedge \overline{\overline{A}} < \overline{\overline{A}}$	A 4
2.	$\overline{B} \wedge \overline{\overline{A}} < A$	A 2 (3.11), 1
3.	$\overline{B} \wedge \overline{\overline{A}} < B$	A 2; 0,2
4.	$\overline{B} \wedge \overline{\overline{A}} < \overline{\overline{B}}$	A 2 (3.12), 3
5.	$\overline{B} \wedge \overline{B} < \overline{A}$	A 6; 4
6.	$\overline{B} < \overline{A}$	(3.10), 5

Damit ist die *Ersetzungsregel* für äquivalente Teilaussagen und speziell die Regel der doppelten Verneinung bewiesen. Mit ihr folgt aus A 6 sofort die *Kontrapositionsregel* (3.6).

Für die Konjunktion sind als Äquivalenzen schon vorgekommen

$$A \wedge A \asymp A$$
$$A \wedge B \asymp B \wedge A$$
$$A \wedge B \mathbin{\dot\wedge} C \asymp A \mathbin{\dot\wedge} B \wedge C,$$

die alle trivial zu beweisen sind. Jede dieser Äquivalenzen liefert natürlich eine Ersetzungsregel.

Zum Beweis der *Widerlegungsregel* (3.7) wird ausgegangen von:

(3.17) $A \wedge \overline{A} \prec B$

Beweis:

1.	$\overline{A} \wedge \overline{B} \prec \overline{A}$	A 3
2.	$\overline{A} \wedge A \prec B$	A 6 1.

Man hat diesen Satz, nach dem aus einem Widerspruch jede beliebige Aussage logisch folgt, ein *Paradoxon der logischen Implikation* genannt. Er ist aber, wie der Beweis zeigt, eine einfache Konsequenz der Kontrapositionsregel. Man müßte schon diese bestreiten, wenn man (3.17) bestreiten will.

Eine Aussage, die alle Aussagen logisch impliziert, soll *logisch-falsch* genannt werden. Als Variable für logisch-falsche Aussagen wird nach PEANO $\curlywedge$ (falsum) benutzt. Dann gilt

(3.18) $\curlywedge \prec A$ (ex falso quodlibet).

Speziell gilt $\curlywedge \prec \overline{A}$, und hieraus folgt mit der Kontraposition (3.16) $A \prec \overline{\curlywedge}$. Die Negation einer logisch-falschen Aussage, also z. B. $\overline{C \wedge \overline{C}}$, wird von jeder Aussage impliziert. Eine Aussage mit dieser Eigenschaft heiße *logisch-wahr*. Für logisch-wahre Aussagen werde (wieder nach PEANO) $\curlyvee$ (verum) als Variable gebraucht. Dann gilt

(3.19) $$A \prec \curlyvee \quad \text{(ex quolibet verum)}.$$

Die Widerlegungsregel (3.7) stellt sich jetzt als ein Spezialfall der Kontrapositionsregel dar. Denn die Prämissen $A \wedge B \prec C$ und $A \wedge B \prec \overline{C}$ ergeben $A \wedge B \prec \curlywedge$, und hieraus folgt durch Kontraposition $A \wedge \curlyvee \prec \overline{B}$, d. h. $A \prec \overline{B}$.

Aus (3.18) und (3.19) folgen die Äquivalenzen

(3.20) $$\curlywedge \wedge A \asymp \curlywedge$$

(3.21) $$\curlyvee \wedge A \asymp A,$$

die an die arithmetischen Gleichungen

$$0 \cdot a = 0$$
$$1 \cdot a = a$$

erinnern. Es wird daher häufig 0 bzw. 1 statt $\curlywedge$ bzw. $\curlyvee$ verwendet, und die Konjunktion wird auch *logisches Produkt* genannt.

§ 4 Adjunktion

Schon die *megarisch-stoische Logik* betrachtet außer der Konjunktion noch weitere Junktoren, die je zwei Aussagen zu einer neuen Aussage verbinden. Diese Junktoren lassen sich durch Konjunktion und Negation definieren:

(4.1) $$A \curlyvee B \leftrightharpoons \overline{A \wedge B}.$$

Dieser Junktor — das Zeichen $\curlyvee$ stammt von PEIRCE 1880, nach den *Principia Mathematica* wird er meist als SHEFFERscher Strich | bezeichnet — wurde von den lateinischen Stoikern gelegentlich *Disjunktion* genannt, was mit dem ursprünglichen Wortsinn von *disjungere* gut übereinstimmt. Auch gegenwärtig werden allgemein noch zwei Klassen disjunkt genannt, wenn kein Element beiden Klassen angehört. Neben dieser Disjunktion tritt aber — meist sogar allein — eine *„vollständige Disjunktion"*:

(4.2) $$A \sqcup B \leftrightharpoons A \curlyvee B \wedge \overline{A} \curlyvee \overline{B}$$

auf, bei der also — im Falle der Wahrheit — auch die Negate disjunkt (im Sinne von $\curlyvee$) sind. $\sqcup$ läßt sich durch „entweder – oder" wiedergeben. „Entweder A oder B oder C" wird aber durch $A \sqcup B \sqcup C \dot{\wedge} \overline{A \wedge B \wedge C}$ ausgedrückt.

In der *Stoa* nur vereinzelt, in der *Scholastik* dagegen schon häufiger tritt schließlich

(4.3) $$A \vee B \leftrightharpoons \overline{A} \curlyvee \overline{B}$$

auch noch als eine „Disjunktion" auf. $A \vee B$ ist genau dann wahr, wenn mindestens eine der Aussagen A oder B wahr ist. Das von RUSSELL eingeführte $\vee$ läßt sich also durch „oder" wiedergeben, wobei (zur Unterscheidung von $\sqcup$) hinzugefügt werden muß, daß der Fall, daß beide Aussagen zugleich wahr sind, nicht ausgeschlossen sein soll. $\vee$ heißt deswegen häufig *„nicht-ausschließende Disjunktion"*. $A \vee B$ wäre hiernach eine Disjunktion, bei der A und B nicht disjunkt zu sein brauchen. Dieser Sprachgebrauch — und damit das Wort „Disjunktion" — soll im folgenden ganz vermieden und $\vee$ (nach BEHMANN 1939) *Adjunktion* genannt werden.

Die ursprüngliche Disjunktion läßt sich mit Hilfe der Adjunktion darstellen durch

(4.4) $$A \curlyvee B \asymp \overline{A} \vee \overline{B}.$$

$\curlyvee$ bezeichnet also die Adjunktion der Negate, kurz: die *Negatadjunktion*. Für die vollständige Disjunktion

(4.5) $$A \sqcup B \asymp A \vee B \dot{\wedge} \overline{A} \vee \overline{B}$$

wird sich später ein anderer Name anbieten.

Der wichtigste der neuen Junktoren ist bei weitem $\vee$. Es gelten hierfür nämlich Sätze, die den Axiomen für die Konjunktion entsprechen, und zwar

(4.6) $$A \prec A \vee B$$

(4.7) $$B \prec A \vee B$$

(4.8) wenn $A \prec C$ und $B \prec C$, dann $A \vee B \prec C$.

(4.6) entsteht aus $\overline{A} \wedge \overline{B} \prec \overline{A}$,

(4.7) aus $\overline{A} \wedge \overline{B} \prec \overline{B}$ durch Kontraposition. Um (4.8) zu beweisen, schließt man aus $A \prec C$ und $B \prec C$ zunächst durch Kontraposition auf $\overline{C} \prec \overline{A}$ und $\overline{C} \prec \overline{B}$ und hieraus nach A5 auf $\overline{C} \prec \overline{A} \wedge \overline{B}$. Nochmalige Kontraposition ergibt dann $A \vee B \prec C$.

Anstatt $A \vee B$ durch die Definition (4.3) einzuführen, kann man auch (4.6) — (4.8) zu den bisherigen Axiomen A 1 — A 6 als neue Axiome hinzunehmen. Dann läßt sich die Äquivalenz

(4.9) $$A \vee B \asymp \overline{\overline{A} \wedge \overline{B}}$$

folgendermaßen beweisen:

Für	$A \vee B$	$\prec$	$\overline{\overline{A} \wedge \overline{B}}$
genügt nach (4.8)	A	$\prec$	$\overline{\overline{A} \wedge \overline{B}}$
und	B	$\prec$	$\overline{\overline{A} \wedge \overline{B}}$

was wir soeben gezeigt hatten.

Für	$\overline{\overline{A} \wedge \overline{B}} \prec A \vee B$
genügt	$\overline{A \vee B} \prec \overline{A} \wedge \overline{B}$
also nach A5	$\overline{A \vee B} \prec \overline{A}$
und	$\overline{A \vee B} \prec \overline{B}$

Beide Implikationen ergeben sich durch Kontraposition aus (4.6) und (4.7). Die Äquivalenz (4.9) und die hieraus nach der Regel der doppelten Verneinung entstehende Äquivalenz

$$A \wedge B \asymp \overline{\overline{A} \vee \overline{B}}$$

heißen DE MORGANsche *Äquivalenzen*. Sie waren allerdings schon den *mittelalterlichen Logikern* bekannt.

Die neuen Axiome (4.6)—(4.8) entstehen aus den Axiomen A3—A5 durch Vertauschung von $\wedge$ und $\vee$ und gleichzeitiger Umkehrung der Implikationen. Man nennt diesen Prozeß, bei dem eventuell vorkommende Negationszeichen unverändert stehen zu lassen sind, *„Dualisierung". Durch Dualisierung entsteht aus einer logischen Implikation stets wieder eine logische Implikation.* Dieses *Dualitätsprinzip* ergibt sich daraus, daß die Axiome, also die Grundimplikationen und die Grundregeln, bei der Dualisierung wieder in Sätze übergehen. Dies ist für A6 noch zu zeigen:

(4.10) wenn $\overline{A} \prec \overline{B} \vee C$, dann $B \prec A \vee C$

Beweis:

0. $\overline{A} \prec \overline{B} \vee C$
1. $B \wedge \overline{C} \prec A$
2. $\overline{A} \wedge \overline{C} \prec \overline{B}$
3. $B \prec \overline{\overline{A} \wedge \overline{C}}$

Mit Hilfe der Regel der doppelten Verneinung folgen die übrigen Formen der Kontraposition

Zusammen mit den Axiomen A 1 — A 5, (4.6) — (4.8) für die Konjunktion und Adjunktion genügt es, für die Negation statt der Kontrapositionsregel A6 oder (4.10) die folgenden von PEIRCE entdeckten) *Transportationsregeln* als Axiome zu fordern:

(4.11) wenn $A \wedge B \prec C$, dann $A \prec \overline{B} \vee C$

(4.12) wenn $A \prec B \vee C$, dann $A \wedge \overline{B} \prec C$

Die Zeilen 0.—2. des Beweises von (4.10) liefern schon (4.12). (4.11) ist durch Dualisierung entsprechend zu beweisen.

Umgekehrt genügen die Transportationsregeln natürlich, um die Kontrapositionsregeln zu beweisen, denn jede Kontraposition entsteht durch zwei Transportationen.

Auch der Satz der doppelten Verneinung folgt aus den Transportationsregeln:

1. $\curlyvee \wedge A \prec A$
2. $\curlyvee \prec A \vee \overline{A}$
3. $\curlyvee \wedge \overline{\overline{A}} \prec A$
4. $\overline{\overline{A}} \prec A$

Entsprechend

1. $A \prec A \vee \curlywedge$
2. $A \wedge \overline{A} \prec \curlywedge$
3. $A \prec \curlywedge \vee \overline{\overline{A}}$
4. $A \prec \overline{\overline{A}}$

Hierbei ist im letzten Schritt das Dual zu (3.21), nämlich

(4.13) $$A \asymp A \vee \curlywedge$$

benutzt. Beim Dualisieren müssen natürlich eventuell auftretende $\curlyvee$ und $\curlywedge$ auch miteinander vertauscht werden, damit (3.18) und (3.19) ineinander übergehen. Das Dual von (3.20) ist

(4.14) $$\curlyvee \asymp A \vee \curlyvee.$$

Die Transportationsregeln werden schließlich benutzt, um die wichtige *Distributivität* von $\wedge$ bezüglich $\vee$ und von $\vee$ bzgl. $\wedge$ zu beweisen:

(4.15) $$A \vee B \dot\wedge C \asymp A \wedge C \dot\vee B \wedge C$$
$$A \wedge B \dot\vee C \asymp A \vee C \dot\wedge B \vee C.$$

Hierzu ist zu bemerken, daß sich zunächst

(4.16) $$A \wedge B \dot{\vee} C \prec A \vee C \dot{\wedge} B \vee C$$

und das Dual dazu

(4.17) $$A \wedge C \dot{\vee} B \wedge C \prec A \vee B \dot{\wedge} C$$

ohne Benutzung der Negation ergeben. Denn nach A 5 und (4.8) löst sich z. B. (4.16) in die vier trivialen Implikationen

$$A \wedge B \prec A \vee C$$
$$A \wedge B \prec B \vee C$$
$$C \prec A \vee C$$
$$C \prec B \vee C$$

auf. Zum Beweis von

$$A \vee B \dot{\wedge} C \prec A \wedge C \dot{\vee} B \wedge C$$

genügt aber — wegen der Transportationsregel —

$$A \vee B \prec \overline{C} \dot{\vee} A \wedge C \dot{\vee} B \wedge C.$$

Hierzu sind $A \prec \overline{C} \dot{\vee} A \wedge C \dot{\vee} B \wedge C$

und $B \prec \overline{C} \dot{\vee} A \wedge C \dot{\vee} B \wedge C$

zu beweisen. Beide ergeben sich durch Transportation aus den trivialen Implikationen

$$A \wedge C \prec A \wedge C \dot{\vee} B \wedge C$$
$$B \wedge C \prec A \wedge C \dot{\vee} B \wedge C.$$

Zusammen mit der Dualisierung dieses Beweises erhält man (4.15).

Aus jeder der beiden Distributivitäten folgt die ebenfalls auf PEIRCE zurückgehende *Schnittregel* (der Name ist von GENTZEN 1934):

(4.18) wenn $A \prec B \vee C$ und $A \wedge B \prec C$, dann $A \prec C$.

Beweis:

0_1. $A \prec B \vee C$

1. $A \prec A \wedge B \vee C$

2. $A \prec A \wedge B \vee A \wedge C$

$$\begin{array}{ll} 0_2. & A \wedge B \prec C \\ 3. & \quad A \prec C \vee A \wedge C \\ 4. & \quad A \prec C \end{array}$$

Die Schnittregel ist *selbst-dual*, d. h. sie geht bei Dualisierung in sich über. Dualisierung des obigen Beweises ergäbe also auch einen Beweis der Schnittregel mit Hilfe der Distributivität von $\vee$ bzgl. $\wedge$. Aus der Schnittregel folgen umgekehrt — immer ohne Negation — beide Distributivsätze. Um etwa

$$A \vee B \mathbin{\dot{\wedge}} C \prec A \wedge C \mathbin{\dot{\vee}} B \wedge C$$

zu beweisen, genügt nach der Schnittregel der Beweis von

$$A \vee B \wedge C \wedge A \prec A \wedge C \vee B \wedge C$$

und $$A \vee B \wedge C \prec A \wedge C \vee B \wedge C \vee A.$$

Die erste Implikation ist trivial (weil links und rechts $A \wedge C$ steht), zum Beweis der zweiten genügt wieder nach der Schnittregel

$$A \vee B \mathbin{\dot{\wedge}} C \wedge B \prec A \wedge C \vee B \wedge C \mathbin{\dot{\vee}} A$$

und $$A \vee B \mathbin{\dot{\wedge}} C \prec A \wedge C \vee B \wedge C \mathbin{\dot{\vee}} A \vee B.$$

Jetzt sind beide Implikationen trivial.

Hat man die Schnittregel zur Verfügung, so genügt es, für die Negation statt der Kontrapositions- oder Transportationsregeln die schon erwähnten Implikationen

(4.19) $$A \wedge \bar{A} \prec \curlywedge \quad \text{und} \quad \curlyvee \prec A \vee \bar{A}$$

zu benutzen. Die Transportationsregeln lassen sich dann so beweisen:

$$\begin{array}{lll} 0. & A \wedge B \prec C & \\ 1. & A \wedge B \prec \bar{B} \vee C & \\ 2. & \quad A \prec B \vee \bar{B} \vee C & (4.19) \\ 3. & \quad A \prec \bar{B} \vee C & (4.18); 1,2 \end{array}$$

Es sei hier noch eine selbst-duale Äquivalenz angefügt, die in § 5 gebraucht wird:

(4.20) $$A \wedge C \vee B \wedge \bar{C} \asymp A \vee \bar{C} \wedge B \vee C.$$

Beweis: Die $\prec$-Implikation ist trivial. Zum Beweis der $\succ$-Implikation hat man die rechte Seite *„auszumultiplizieren"* in die Adjunktion der vier Glieder: $A \wedge B$, $A \wedge C$, $B \wedge \overline{C}$, $\overline{C} \wedge C$. Jedes dieser Glieder impliziert die linke Seite. Das ist nur für $A \wedge B$ nicht trivial. Für diesen Fall ist die linke Seite *„auszumultiplizieren"* in die Konjunktion der Glieder $A \vee B$, $A \vee \overline{C}$, $B \vee C$, $C \vee \overline{C}$. Jedes dieser Glieder wird trivialerweise von $A \wedge B$ impliziert.

§ 5 Das System der Junktoren

Dual zu den in § 4 betrachteten Junktoren $\curlyvee$ und $\sqcup$ können zwei weitere Junktoren $\curlywedge$ und $\sqcap$ eingeführt werden durch

(5.1) $$A \curlywedge B \leftrightharpoons \overline{A} \wedge \overline{B}$$

(5.2) $$A \sqcap B \leftrightharpoons A \wedge B \vee \overline{A} \wedge \overline{B}.$$

$\curlywedge$ bezeichnet also die *Negatkonjunktion*, d. h. die Konjunktion der Negate (*„joint denial"*). Das Zeichen $\curlywedge$ ist von PEIRCE 1880. Der Junktor $\sqcap$ wird meistens *„materiale Äquivalenz"* genannt. Dieser irreführende Name geht auf die *Principia Mathematica* zurück. Dort wird $\equiv$ statt $\sqcap$ geschrieben, HILBERT schreibt $\sim$.

Nach allem Sprachgebrauch bezeichnet „Äquivalenz" aber stets eine zweistellige Relation, während es sich hier um einen Junktor handelt, durch den aus zwei Aussagen eine weitere Aussage gebildet wird. Junktoren sind Funktionszeichen, wie in der Arithmetik z. B. $+$ und $-$ (diese bilden dort aus zwei Zahlen eine weitere Zahl) und sind keine Relationszeichen, wie $<$ in der Arithmetik oder wie $\asymp$ als Zeichen für die logische Äquivalenz. Der Zusammenhang, auf Grund dessen der Name

„materiale Äquivalenz" gewählt wurde, ist der folgende: Wenn A und B logisch äquivalent sind, dann ist $A \leftrightarrow B$ logisch-wahr und umgekehrt. Aus $A \prec B$ folgt nämlich durch Transportation $\Upsilon \prec \overline{A} \vee B$, aus $B \prec A$ folgt ebenso $\Upsilon \prec A \vee \overline{B}$. Aus $A \asymp B$ folgt also $\Upsilon \prec \overline{A} \vee B \dot\wedge A \vee \overline{B}$. Nach (4.20) und der Definition von $\leftrightarrow$ gilt aber

(5.3) $$A \leftrightarrow B \asymp \overline{A} \vee B \dot\wedge A \vee \overline{B}.$$

Diese Schlüsse lassen sich umkehren, so daß in der Tat $A \asymp B$ genau dann gilt, wenn $\Upsilon \prec A \leftrightarrow B$ gilt.

Außer der logischen Wahrheit gibt es nun die in § 1 eingeführte faktische Wahrheit. Die faktische Wahrheit ist zunächst nur für primitive Aussagen erklärt. Wie ist sie für zusammengesetzte Aussagen zu definieren? Es sei $\mathfrak{C}$ eine solche Aussage und $\mathfrak{a}_1, \mathfrak{a}_2, \ldots$ und $\mathfrak{b}_1, \mathfrak{b}_2, \ldots$ seien die in ihr vorkommenden primitiven Aussagen, und zwar seien $\mathfrak{a}_1, \mathfrak{a}_2, \ldots$ faktisch-wahr und $\mathfrak{b}_1, \mathfrak{b}_2, \ldots$ faktisch-falsch. Läßt sich dann aus $\mathfrak{a}_1, \mathfrak{a}_2, \ldots$ und $\overline{\mathfrak{b}}_1, \overline{\mathfrak{b}}_2, \ldots$ die Aussage $\mathfrak{C}$ logisch erschließen, d. h. gilt

$$\mathfrak{a}_1 \wedge \mathfrak{a}_2 \wedge \ldots \wedge \overline{\mathfrak{b}}_1 \wedge \overline{\mathfrak{b}}_2 \wedge \ldots \prec \mathfrak{C},$$

so heiße die Aussage $\mathfrak{C}$ *faktisch-wahr*. Wird nicht $\mathfrak{C}$ impliziert, sondern $\overline{\mathfrak{C}}$, so heißt $\mathfrak{C}$ *faktisch-falsch*.

Damit nach dieser Definition eine Aussage $\mathfrak{A} \leftrightarrow \mathfrak{B}$ faktisch-wahr ist, müssen wegen (5.2) $\mathfrak{A}$ und $\mathfrak{B}$ faktisch-wahr sein oder $\overline{\mathfrak{A}}$ und $\overline{\mathfrak{B}}$ müssen faktisch-wahr sein, d. h. $\mathfrak{A}$ und $\mathfrak{B}$ müssen faktisch falsch sein. Hiernach ist $\mathfrak{A} \leftrightarrow \mathfrak{B}$ genau dann faktisch-wahr, wenn $\mathfrak{A}$ und $\mathfrak{B}$ genau denselben Wahrheitswert haben, wenn sie also im Sinne von § 1 extensional-gleich sind. Diese extensionale Gleichheit werde jetzt in Analogie zur logischen Äquivalenz *„faktische Äquivalenz"* genannt. Statt der hier verwendeten Termini „logisch-faktisch" könnte man natürlich auch andere verwenden, etwa *„formal-material"*. Dann würde die extensionale Gleichheit „materiale Äquivalenz" heißen — für den Junktor $\sqcap$, der durch keine Terminologie zu einer Relation wird, muß aber ein anderer Name gesucht werden.

(5.3) legt nahe, neben $\sqcap$ noch zwei weitere Junktoren einzuführen durch

(5.4) $$A \ulcorner B \leftrightharpoons \bar{A} \vee B$$

(5.5) $$A \urcorner B \leftrightharpoons A \blacktriangledown \bar{B},$$

so daß gilt

(5.6) $$A \sqcap B \asymp A \ulcorner B \mathbin{\dot{\wedge}} A \urcorner B.$$

Für $\bar{A} \vee B$, also für $A \ulcorner B$ gilt, wie oben schon bemerkt ist, daß A genau dann B logisch impliziert, wenn $A \ulcorner B$ logisch wahr ist. Entsprechend zur faktischen Äquivalenz läßt sich hier eine *faktische Implikation* definieren, indem man festsetzt, daß $\mathfrak{A}$ genau dann $\mathfrak{B}$ faktisch impliziert, wenn $\mathfrak{A} \ulcorner \mathfrak{B}$ faktisch-wahr ist. $\mathfrak{A} \ulcorner \mathfrak{B}$ ist aber nach (5.4) genau dann faktisch-wahr, wenn $\mathfrak{A}$ faktisch-falsch ist oder $\mathfrak{B}$ faktisch-wahr ist.

Nach RUSSELL heißt der Junktor $\ulcorner$ (RUSSELL schreibt hierfür $\Rightarrow$ in Nachfolge von GERGONNES Zeichen für die Inklusion von Klassen, HILBERT schreibt $\rightarrow$) *„materiale Implikation"*. Dies beruht auf einer Verwechselung mit der eben definierten Relation der faktischen Implikation, so als wenn in der Arithmetik die Subtraktion als „Gleichheit" bezeichnet würde, weil $a-b$ genau dann Null ist, wenn $a=b$ gilt.

Der Junktor $\ulcorner$ wurde zuerst von FREGE eingeführt, der in seiner zweidimensionalen „Begriffsschrift"

statt A ⌐ B schreibt.

Die faktische Implikation tritt dagegen schon bei PHILON VON MEGARA auf. Da die Inklusion gegenwärtig allgemein nach SCHRÖDER in Anlehnung an die Zeichen $<$, $\leq$ für die arithmetischen Ordnungsrelationen durch $\subset$ oder $\subseteq$ bezeichnet wird, also — durch einen historischen Zufall — gerade umgekehrt als nach GERGONNE, ist hier aus dem FREGEschen Zeichen ⌐ entnommen. Da bei FREGE A unter B steht, sei für ⌐ als neuer Terminus *„Subjunktion"* vorgeschlagen.

¬ bezeichnet dann die *konverse Subjunktion*, ⌐¬ die *Bisubjunktion*. ¬ wird damit — wie das Minuszeichen in der Arithmetik — doppelt verwendet. In der Tat entspricht der Gleichung

$$-a = 0 - a$$

hier die Äquivalenz

(5.7) ¬ A ≍ ⅄ ¬ A.

Nach (5.5) ist $A \wedge \overline{B}$ die zu A ¬ B duale Aussage.

(5.8) A ⌙ B ⇋ $A \wedge \overline{B}$.

Diese Aussagefunktion wird *„Subtraktion"* genannt, weil in der Mengenlehre die Differenz zweier Mengen ϱ, σ definiert wird als die Menge der Elemente x, für die $x \,\varepsilon\, \varrho \wedge \overline{x \,\varepsilon\, \sigma}$ gilt.

Die *konverse Subtraktion* wird definiert durch

(5.9) A ⌟ B ⇋ $\overline{A} \wedge B$

Dual zu (5.6) gilt dann

(5.10) A ⌴ B ≍ A ⌙ B $\dot{\vee}$ A ⌟ B.

Die durch ⌴ bezeichnete Aussagenfunktion heiße daher — um aus den oben erwähnten Gründen „Disjunktion" zu vermeiden — *„Bisubtraktion"*. Damit wurden insgesamt 10 zweistellige Junktoren eingeführt, nämlich

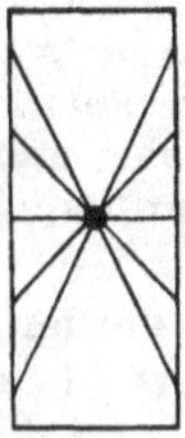

Konjunktion	Adjunktion
Subjunktion	Konverse Subtraktion
Bisubjunktion	Bisubtraktion
Konverse Subjunktion	Subtraktion
Negatkonjunktion	Negatadjunktion

Junktoren, die in einer Zeile stehen, sind dual zueinander. Die durch das Zentrum der Figur laufenden Linien verbinden je zwei Junktoren, die durch Negation auseinander entstehen, z. B. Subjunktion und Subtraktion, denn $\overline{A \ulcorner B} \asymp A \llcorner B$.

Von diesen Junktoren sind die zugehörigen *Relationen* zu unterscheiden. Ist *o* irgendein Junktor, so verstehen wir unter der „zugehörigen" Relation diejenige, die zwischen *A* und *B* besteht, wenn *A o B* logisch-wahr ist.

Bei der Konjunktion, der Negatkonjunktion, der Subtraktion und ihrer Konversen entstehen keine relevanten 2-stelligen Relationen: $A \wedge B$ z. B. ist nämlich genau dann logisch-wahr, wenn *A* logisch-wahr ist und wenn *B* logisch-wahr ist. Es bleiben also nur 6 Relationen. Von diesen sind 4 symmetrisch:

A und *B* heißen (logisch) *supplementär*,
wenn $A \vee B$ logisch-wahr ist,

A und *B* heißen (logisch) *konträr*,
wenn $A \curlyvee B$ logisch-wahr ist,

A und *B* heißen (logisch) *äquivalent*,
wenn $A \sqcap B$ logisch-wahr ist,

A und *B* heißen (logisch) *kontravalent*,
wenn $A \sqcup B$ logisch-wahr ist.

Zu $A \sqsubset B$ bzw. $A \neg B$ gehört als Relation die (logische) Implikation bzw. die konverse (logische) Implikation.

Fordert man in diesen Definitionen die faktische Wahrheit an Stelle der logischen Wahrheit, so entstehen die 6 zugehörigen *faktischen Relationen*. Diese sind jedoch praktisch belanglos; sie seien hier nur erwähnt wegen der häufigen Verwechslung der Subjunktion mit der faktischen Implikation.

Es soll jetzt gezeigt werden, daß unsere Liste von 10 Junktoren in einem bestimmten Sinne *vollständig* ist.

Wie auch immer ein Junktor o definiert sei, die faktische Wahrheit von $\mathfrak{A}\, o\, \mathfrak{B}$ hängt davon ab, welche der 4 Implikationen

$$
\begin{aligned}
&a \wedge b \prec a\, o\, b\\
&a \wedge \bar{b} \prec a\, o\, b\\
&\bar{a} \wedge b \prec a\, o\, b\\
&\bar{a} \wedge \bar{b} \prec a\, o\, b
\end{aligned}
\tag{5.11}
$$

gelten. Zu jedem Junktor o gibt es also eine Tabelle (w = wahr, f = falsch)

a	b	$a\, o\, b$
w	w	
w	f	
f	w	
f	f	

in der die letzte Spalte noch mit w und f auszufüllen ist, je nachdem, ob die entsprechende Implikation von (5.11) gilt oder nicht. Da die Tabelle 4 Zeilen hat und jedesmal 2 Möglichkeiten, w oder f, für die Ausfüllung vorhanden sind, gibt es insgesamt $2^4 = 16$ solche „*Wahrheitstafeln*".

Nimmt man zu den 10 Aussageformen $a \circ b$ (mit den 10 Junktoren an Stelle von $\circ$) noch hinzu $\curlyvee$, $\curlywedge$, a, $\bar{a}$, b, $\bar{b}$, so haben wir auch 16 Aussageformen. Die folgende Tabelle zeigt, daß diese Aussageformen alle Wahrheitstafeln liefern.

$\curlyvee$	$\curlywedge$	a	$\bar{a}$	b	$\bar{b}$	$a \vee b$	$a \curlywedge b$
w	f	w	f	w	f	w	f
w	f	w	f	f	w	w	f
w	f	f	w	w	f	w	f
w	f	f	w	f	w	f	w

$a \ulcorner b$	$a \llcorner b$	$a \sqcap b$	$a \sqcup b$	$a \urcorner b$	$a \lrcorner b$	$a \wedge b$	$a \curlyvee b$
w	f	w	f	w	f	w	f
f	w	f	w	w	f	f	w
w	f	f	w	f	w	f	w
w	f	w	f	w	f	f	w

Ersetzt man in dieser Tabelle die (metasprachlichen) Prädikate w und f durch die objektsprachlichen Formeln $\curlyvee$ und $\curlywedge$, so liefert die Tabelle die Äquivalenzen von $\curlyvee \circ \curlyvee$, $\curlyvee \circ \curlywedge$, $\curlywedge \circ \curlyvee$, $\curlywedge \circ \curlywedge$ mit $\curlyvee$ und $\curlywedge$. Z. B. entsteht für die Subjunktion

a	b	$a \ulcorner b$
$\curlyvee$	$\curlyvee$	$\curlyvee$
$\curlyvee$	$\curlywedge$	$\curlywedge$
$\curlywedge$	$\curlyvee$	$\curlyvee$
$\curlywedge$	$\curlywedge$	$\curlyvee$

und diese Tabelle dient jetzt zur Mitteilung der folgenden logischen Äquivalenzen:

$$\curlyvee \ulcorner \curlyvee \asymp \curlyvee$$
$$\curlyvee \ulcorner \curlywedge \asymp \curlywedge$$
$$\curlywedge \ulcorner \curlyvee \asymp \curlyvee$$
$$\curlywedge \ulcorner \curlywedge \asymp \curlyvee$$

Die Wahrheitstafeln werden daher — wie Multiplikationstafeln — häufig auch als sogenannte *Matrizen* wiedergegeben, z. B. für $a \ulcorner b$:

	$\ulcorner$	b: $\curlyvee$	$\curlywedge$
a	$\curlyvee$	$\curlyvee$	$\curlywedge$
	$\curlywedge$	$\curlyvee$	$\curlyvee$

Die Wahrheitstafeln lassen schließlich noch eine weitere Interpretation zu. Sie geben an, unter welchen Bedingungen die Aussage $\mathfrak{A}\, o\, \mathfrak{B}$ faktisch-wahr ist. Diese Bedingungen lassen sich — als Beispiel diene wieder die Subjunktion — in (metasprachlicher) Formulierung so wiedergeben:

(5.12) $\mathfrak{A} \ulcorner \mathfrak{B}$ ist genau dann wahr, wenn $\mathfrak{A}$ und $\mathfrak{B}$ wahr ist, oder $\mathfrak{A}$ nicht, aber $\mathfrak{B}$ wahr ist, oder $\mathfrak{A}$ nicht und $\mathfrak{B}$ nicht wahr ist.

In dieser Formulierung treten die logischen Junktoren „und", „oder", „nicht" wieder auf. Für die Logik dieser Junktoren ist es natürlich gleichgültig, ob die Sprache, in der sie auftreten, gerade Objekt- oder Metasprache ist. Jede Sprache kann ja zum Objekt der Untersuchung genommen werden. Symbolisiert man daher (5.12) mit den bisherigen Mitteln, so entsteht:

(5.13) $$a \ulcorner b \asymp a \wedge b \;\dot{\vee}\; \overline{a} \wedge b \;\dot{\vee}\; \overline{a} \wedge \overline{b}.$$

Diese Äquivalenz ist leicht zu verifizieren. Es ist nämlich zunächst

$$a \wedge b \dot{\vee} \bar{a} \wedge b \asymp a \vee \bar{a} \dot{\wedge} b \asymp \curlyvee \wedge b \asymp b$$

und ferner

$$b \dot{\vee} \bar{a} \wedge \bar{b} \asymp b \vee \bar{a} \dot{\wedge} b \vee \bar{b} \asymp \bar{a} \vee b \dot{\wedge} \curlyvee \asymp \bar{a} \vee b.$$

Entsprechend läßt sich jede der 16 Aussageformen unserer Tabelle als Adjunktion aus gewissen der 4 Konjunktionen $a \wedge b$, $a \wedge \bar{b}$, $\bar{a} \wedge b$, $\bar{a} \wedge \bar{b}$ darstellen. Man nennt diese Adjunktionen (ausgezeichnete) *adjunktive Normalformen.* Bei der Darstellung von $\curlywedge$ tritt natürlich keine der 4 Konjunktionen auf, $\curlywedge$ ist daher selbst auch als eine adjunktive Normalform zuzulassen. Es gilt allgemein, daß jede Aussageform, in der höchstens zwei verschiedene Aussagevariable vorkommen (gleichgültig wie oft), zu einer dieser 16 adjunktiven Normalformen äquivalent ist. Daraus wird dann folgen, daß jede solche Aussageform zu einer der 16 Aussageformen unserer Tabelle äquivalent ist. Die Tabelle ist also auch in diesem neuen Sinne *vollständig.*

Zum Beweis betrachten wir zunächst eine beliebige Aussageform C.

Es sei a eine Aussagenvariable; die in C vorkommt. Um die Aussageform zu bezeichnen, die aus C entsteht, wenn a durch A ersetzt wird, schreibt man $C\,(a)$ statt C — und bezeichnet das Ersetzungsresultat dann mit $C\,(A)$. Auch wenn a nicht in C vorkommt, kann $C\,(a)$ statt C geschrieben werden; $C\,(A)$ ist dann natürlich dieselbe Formel wie C.

Für beliebige Aussageformen gilt der auf BOOLE zurückgehende „*Entwicklungssatz*":

(5.14) $$C\,(a) \asymp C\,(\curlyvee) \wedge a \dot{\vee} C\,(\curlywedge) \wedge \bar{a}.$$

Zum Beweis wird angenommen, daß $C\,(a)$ aus den Aussagevariablen allein mit $\vee$ und $\overline{}$ zusammengesetzt ist:

alle anderen Junktoren können ja durch diese ausgedrückt werden. Es sind dann zunächst die beiden trivialen Fälle möglich:

(1) $C(a)$ ist die Aussagenvariable a

(2) C ist eine von a verschiedene Aussagenvariable b.

Für diese Fälle sind

$$(1) \quad a \asymp \curlyvee \land a \dot{\lor} \curlywedge \land \bar{a}$$

$$(2) \quad b \asymp b \land a \dot{\lor} b \land \bar{a}$$

zu verifizieren, was keine Schwierigkeit bietet.

Es bleiben die Fälle

(3) C hat die Gestalt $\overline{D(a)}$

(4) C hat die Gestalt $D_1(a) \lor D_2(a)$.

Man nimmt dabei an, daß die Äquivalenz (5.14) für die Formeln $D(a)$, $D_1(a)$ und $D_2(a)$ schon bewiesen sei. Aus

$$D(a) \asymp D(\curlyvee) \land a \dot{\lor} D(\curlywedge) \land \bar{a}$$

folgt aber nach (4.20)

$$(5.15) \qquad D(a) \asymp D(\curlyvee) \lor \bar{a} \dot{\land} D(\curlywedge) \lor a$$

und hieraus $\overline{D(a)} \asymp \overline{D(\curlyvee)} \land a \dot{\lor} \overline{D(\curlywedge)} \land \bar{a}$,

was zu zeigen war. Wird entsprechend von

$$D_1(a) \asymp D_1(\curlyvee) \land a \dot{\lor} D_1(\curlywedge) \land \bar{a}$$

und

$$D_2(a) \asymp D_2(\curlyvee) \land a \dot{\lor} D_2(\curlywedge) \land \bar{a}$$

ausgegangen, so folgt hieraus

$$D_1(a) \lor D_2(a) \asymp D_1(\curlyvee) \lor D_2(\curlyvee) \dot{\land} a \ddot{\lor} D_1(\curlywedge) \lor D_2(\curlywedge) \dot{\land} \bar{a}.$$

Weil jede Formel aus Aussagevariablen allein mit $\lor$ und $\bar{\ }$ zusammengesetzt werden kann, ist damit — durch *Induktion*, wie man sagt — (5.14) bewiesen.

Um jetzt Formeln mit zwei Variablen zu behandeln, sei für Formeln die Bezeichnung $C(a, b)$ entsprechend zu $C(a)$ eingeführt. $C(\curlywedge, \curlyvee)$ wird dann z. B. die Formel sein, die aus $C(a, b)$ entsteht, wenn a durch $\curlywedge$

und b durch $\curlyvee$ ersetzt wird. Durch zweimalige Anwendung von (5.14) folgt nun

$$C\,(a,b) \asymp C\,(\curlyvee, b) \wedge a \dot{\vee}\; C\,(\curlywedge, b) \wedge \bar{a} \asymp C\,(\curlyvee, \curlyvee) \wedge b \dot{\vee}\; C\,(\curlyvee, \curlywedge) \wedge \bar{b} \wedge a \vee C\,(\curlywedge, \curlyvee) \wedge b \dot{\vee}\; C\,(\curlywedge, \curlywedge) \wedge \bar{b} \wedge \bar{a}$$

und damit die *Entwicklung* von $C\,(a, b)$ nach a und b

(5.16) $C\,(a,b) \asymp C\,(\curlyvee, \curlyvee) \wedge a \wedge b \vee C\,(\curlyvee, \curlywedge) \wedge a \wedge \bar{b} \dot{\vee} C\,(\curlywedge, \curlyvee) \wedge \bar{a} \wedge b \dot{\vee} C\,(\curlywedge, \curlywedge) \wedge \bar{a} \wedge \bar{b}.$

Enthält $C\,(a, b)$ höchstens diese beiden Aussagenvariablen a, b, so enthalten die Formeln $C\,(\curlyvee, \curlyvee)$, $C\,(\curlyvee, \curlywedge)$, $C\,(\curlywedge, \curlyvee)$, $C\,(\curlywedge, \curlywedge)$ überhaupt keine Aussagenvariable mehr, sie sind also entweder äquivalent zu $\curlyvee$ oder zu $\curlywedge$.

In (5.16) kommen dann zu den Konjunktionen

$$a \wedge b,\; a \wedge \bar{b},\; \bar{a} \wedge b,\; \bar{a} \wedge \bar{b}$$

nur noch $\curlyvee$ oder $\curlywedge$ hinzu. Kommt $\curlywedge$ dazu, so kann das ganze Glied der Adjunktion durch $\curlywedge$ ersetzt — und dann auch weggelassen werden, falls es nicht allein noch übrig ist. Kommt $\curlyvee$ hinzu, so kann dieses $\curlyvee$ weggelassen werden. In jedem Falle bleibt also eine adjunktive Normalform übrig, wie zu beweisen war.

Es ist ersichtlich, daß auch für Formeln mit mehr Variablen $C\,(a, b, c)$, $C\,(a, b, c, d)$, ... äquivalente Entwicklungen analog zu (5.14) und (5.16) gegeben werden können. Man erhält so das Resultat, *daß sich jede beliebige Formel in eine äquivalente adjunktive Normalform entwickeln läßt.*

Dual zu den (ausgezeichneten) adjunktiven Normalformen gibt es für jede Formel auch eine äquivalente (ausgezeichnete) *konjunktive Normalform.* Für zwei

Variable a, b sind dies die Konjunktionen, die aus den Gliedern

$$a \vee b,\ a \vee \bar{b},\ \bar{a} \vee b,\ \bar{a} \vee \bar{b}$$

gebildet werden können. Tritt keines dieser Glieder auf, so ist ⋎ als konjunktive Normalform zu nehmen. (5.15) gibt die konjunktive Normalform für den Fall einer Variablen. Da diese Normalformen nur davon abhängen, für welche Ersetzungen der vorkommenden Aussagevariablen durch ⋎ oder ⋏ sich ⋎ und für welche sich ⋏ ergibt, sieht man hieraus, *daß zwei Aussageformen, die bei allen Ersetzungen der vorkommenden Aussagenvariablen durch ⋎ oder ⋏ äquivalent sind, selbst äquivalent sind.*

Eine Formel, die bei jeder Ersetzung der vorkommenden Variablen durch ⋎ oder ⋏ nach den Wahrheitstafeln den Wert ⋎ annimmt, heiße *allgemeingültig.* Man kann dann — wie seit WITTGENSTEIN 1922 üblich geworden ist — die logische Wahrheit einer Formel durch diese Allgemeingültigkeit definieren. Die logischen Implikationen $A \prec B$ lassen sich entsprechend definieren als diejenigen, für die die Formel $A \to B$ allgemeingültig ist. Axiomensysteme für die logische Implikation (oder solche für die logische Wahrheit, die sehr häufig gebraucht werden, z. B. in den Principia Mathematica) sind dann nicht mehr erforderlich.

Erst für die in Kap. V zu besprechende Quantorenlogik ist die axiomatische Methode unentbehrlich. Auch die Behandlung der Logikkalküle im nächsten Kapitel und der effektiven Logik in Kapitel IV wird für die Klärung der Frage, ob die Logik ihrem Wesen nach eine axiomatische Wissenschaft sein kann oder muß, neues Material beibringen.

III. Kalküle der Junktorenlogik

§ 6 Kalkülisierung

Die axiomatische Behandlung der *Syllogistik* in Kap. I hat uns in Kap. II zu einer Untersuchung der logischen Schlüsse veranlaßt, die für die Syllogistik stillschweigend benutzt wurden. Nun ist in Kap. II die Junktorenlogik wiederum axiomatisch behandelt worden — es stellt sich daher die Frage nach den logischen Schlüssen, die für die Junktorenlogik stillschweigend benutzt wurden. Die überraschende Antwort ist die, daß für die Gewinnung von Sätzen aus den junktorenlogischen Axiomen keine logischen Schlüsse erforderlich sind.

Um diese Situation zu verdeutlichen, betrachte man das Axiomensystem A 1 — A 6 aus § 3. Es besteht aus gewissen Grundiplikationen A 1, A 3, A 4 und gewissen Grundregeln der Form: wenn $A_1 \prec B_1$ und $A_2 \prec B_2$, dann $A_3 \prec B_3$. In den Grundregeln treten also — so scheint es — die logischen Junktoren: „wenn, dann" (also die *Subjunktion)* und „und" (also die *Konjunktion)* auf, und daher wird die Logik dieser Junktoren in der Metasprache anscheinend zum Beweis von Sätzen erforderlich sein. Das ist jedoch nicht der Fall. Man betrachte z. B. den Beweis von (3.11) $\overline{\overline{A}} \prec A$. Wird dabei der Beweis der Regel (3.10) eingefügt, ist jeder Schritt eine Grundimplikation oder die Anwendung einer Grundregel, derart, daß aus schon abgeleiteten Prämissen eine Konklusion „erschlossen" wird. Faßt man die Grundregeln als *Imperative* auf, die angeben, welche Implikationen herzustellen sind (unter der Bedingung, daß gewisse andere schon hergestellt sind), so stellt sich der Beweis als eine Abfolge von *schematischen Operationen* mit Implikationen dar. Der logische Sinn der Junktoren und auch des Implikationszeichens ist dabei für die zu vollziehenden Operationen belanglos. Von den herzustellenden Implikationen ist in diesem Zusammenhang vielmehr nur relevant, daß es Zeichen oder, genauer gesagt, *„Figuren"* sind (da es noch nicht einmal darauf ankommt, daß diese Figuren überhaupt etwas bezeichnen oder bedeuten), die aus gewissen Atomfiguren — hier $\wedge$, $\neg$, $\prec$, den Variablen *a, b, c,* ... und Klammern (,) — durch Nebeneinanderfügen *(Verkettung)* zusammengesetzt sind. Das Axiomensystem A 1 — A 6 liefert in dieser Auffassung (1) gewisse *Grundfiguren,* mit denen die Herstellungsoperationen jederzeit ihren Anfang nehmen können, und (2) gewisse *Grundregeln,* die in beliebiger Reihenfolge und beliebig oft angewendet werden können, um von schon hergestellten Figuren zu weiteren Figuren überzugehen.

Jedes solches System von Grundfiguren und Grundregeln — ausgehend von irgendwelchen *Atomfiguren* — wird ein *Kalkül* genannt. Ein Kalkül ist also nichts anderes als eine Herstellungsvorschrift für Figuren. Das Herstellen von Figuren nach den Vorschriften eines Kalküls nennt man *„Ableiten"*. Das Ableiten ist kein logisches Schließen, denn die Vorschriften des Kalküls, also die Grundfiguren und die Grundregeln, können ja ganz willkürlich gewählt sein.

Ein Beispiel eines willkürlichen Kalküls ist etwa der folgende:

I. Atomfiguren seien + und o

II. Grundfiguren seien *(K* 1) +
Grundregeln seien (*K* 2*)* wenn *x*, dann *x* o
(*K*3) wenn x, dann +x+

Hierbei ist x eine Variable für die aus den Atomen + und *o* zusammengesetzten Figuren.

Eine *Ableitung* nach diesem Kalkül ist z. B.

1.	+	*K* 1
2.	+ *o*	*K* 2; 1
3.	+ *o o*	*K* 2; 2
4.	+ + *o o* +	*K* 3; 3
5.	+ + *o o* + *o*	*K* 2; 4

Die Ableitung beweist, daß die Figur + + *o o* + *o* nach dem Kalkül *ableitbar* ist.

Das in den Grundregeln auftretende „wenn, dann" drückt — wie an diesem Beispiel wohl ersichtlich ist — weder die Subjunktion noch die logische Implikation aus. Zur Symbolisierung der Grundregeln sei deshalb ein neues Zeichen gewählt, etwa →. Die Grundregeln des Kalküls lassen sich dann so anschreiben:

(*K* 2) x → x *o*

(*K* 3) x → + x +.

Die Figuren links von → heißen die *Prämissen* der Regel, die Figur rechts von → heißt die *Konklusion*. Während eine Regel stets nur eine Konklusion hat, kann sie mehrere Prämissen haben. In der verbalen Formulierung werden die Prämissen dann durch „und" verbunden. Die allgemeine Form einer Regel ist also: wenn $\mathfrak{A}_1$ und $\mathfrak{A}_2$ und ... und $\mathfrak{A}_n$, dann $\mathfrak{A}$.

Dabei sind $\mathfrak{A}_1, \mathfrak{A}_2, \ldots$ und $\mathfrak{A}$ Metavariable für Figuren, die aus den Atomen und den Variablen x, ... zusammengesetzt sind.

Symbolisch schreibt man hierfür

$$\mathfrak{A}_1, \mathfrak{A}_2, \ldots, \mathfrak{A}_n \to \mathfrak{A}.$$

Unter dieser Form kann man für $n = o$ auch die Grundfiguren als Grundregeln ohne Prämissen mit einbeziehen. Dann wird $\rightarrow \mathfrak{A}$, z. B. (K 1) $\rightarrow +$, geschrieben. Um das Axiomensystem A 1 — A 6 der Junktorenlogik und die daraus zu gewinnenden Folgerungen durch Kalküle und Ableitungen nach Kalkülen zu ersetzen, braucht man — wie eine genauere Betrachtung zeigt — zwei Kalküle. Es werden nämlich, ehe die logischen Implikationen als die in einem gewissen Kalkül ableitbaren Figuren definiert werden, schon die Formeln durch einen Kalkül eingeführt. Denn die in § 3 gegebene Erklärung, daß eine Formel durch Zusammensetzung mit $\wedge$ und $\neg$ aus den Aussagevariablen $a, b, \ldots$ entsteht, besagt nichts anderes, als daß die „Formeln" diejenigen Figuren sind, die sich nach dem folgenden Kalkül ableiten lassen:

Atomfiguren $\wedge, \neg$, (,), $a, b, c, \ldots$

Grundregeln $\rightarrow a$ (für jede Variable)

$$A \rightarrow \neg A$$

$$A, B \rightarrow (A \wedge B)$$

Hiernach ist z. B. $((\neg (a \wedge \neg b) \wedge \neg c) \wedge \neg \neg d)$ eine Formel, die der Bequemlichkeit wegen $a \wedge b \wedge c \wedge d$ geschrieben wird.

Die Metavariablen $A, B \ldots$ sind für diesen Kalkül zunächst als Variable für beliebige aus den Atomfiguren zusammengesetzte Figuren zu benutzen. Ihre Variabilität wird aber weiterhin — wie bisher — eingeschränkt auf die Formeln, d. h. auf die nach dem obigen Kalkül ableitbaren Figuren.

Der Kalkül zur Ableitung der logischen Implikationen sieht dann — ohne Klammerersparnis — so aus:

Atomfiguren $\wedge$, $\neg$, (,), $\prec$, $a, b, c, \ldots$

Grundregeln A1: $\rightarrow A \prec A$

A2: $A \prec B, B \prec C \rightarrow A \prec C$

A3: $\rightarrow (A \wedge B) \prec A$

A4: $\rightarrow (A \wedge B) \prec B$

A5: $C \prec A, C \prec B \rightarrow C \prec (A \wedge B)$

A6: $(A \wedge \neg B) \prec \neg C \rightarrow (A \wedge C) \prec B.$

Ist eine Figur $\mathfrak{a}$ ohne Variable ableitbar, so schreibt man kurz $\vdash \mathfrak{a}$, z. B.

(6.1) $\vdash \neg \neg a \prec a.$

Der Beweis von (3.16) zeigt dagegen nicht die Ableitbarkeit von $\overline{B} \prec \overline{A}$, sondern nur die Ableitbarkeit dieser Figur, wenn zu dem Kalkül vorher $A \prec B$ als *„Hypothese"* hinzugenommen worden ist. $\overline{B} \prec \overline{A}$ ist dann *hypothetisch ableitbar.*

Ist die Figur $\mathfrak{a}$ mit Hilfe von Hypothesen $\mathfrak{a}_1, \mathfrak{a}_2 \ldots$ ableitbar, so schreiben wir $\mathfrak{a}_1, \mathfrak{a}_2 \ldots \vdash \mathfrak{a}$ und mit den Variablen A, B z. B.

(6.2) $A \prec B \vdash \neg B \prec \neg A.$

Diese Ableitbarkeitsbehauptung ist zu unterscheiden von der Regel

(6.3) $A \prec B \rightarrow \neg B \prec \neg A.$

Weil (6.2) gilt, nennt man (6.3) eine *„abgeleitete Regel"*.

Allgemein heißt eine Regel $\mathfrak{A}_1, \ldots, \mathfrak{A}_n \rightarrow \mathfrak{A}$ *abgeleitet,* wenn $\mathfrak{A}_1, \ldots, \mathfrak{A}_n \vdash \mathfrak{A}$ gilt. Kommen in $\mathfrak{A}_1, \ldots$ Variable vor, so sind diese dabei beliebig durch konstante Figuren zu ersetzen. Jede abgeleitete Regel hat selbstverständlich die Eigenschaft, daß man sie als eine Grundregel des Kalküls zusätzlich zulassen könnte, ohne daß dadurch Figuren ableitbar würden, die nicht schon nach den Grundregeln allein ableitbar sind. Wir nennen Regeln mit dieser Eigenschaft *„zulässig"* für den Kalkül. *Jede abgeleitete Regel ist also zulässig.* Das Umgekehrte gilt nicht, wie die Regel

$$x \rightarrow + + x$$

für den Kalkül $K1 - K3$ zeigt. Diese Regel ist selbstverständlich nicht ableitbar, weil eine Anwendung jeder der beiden Grundregeln an x stets noch rechts eine Atomfigur anfügt. Andererseits ist die Zulässigkeit leicht einzusehen.

Die Axiomatisierung der Junktorenlogik, die wir in §§ 3—6 behandelt haben, benutzt nur Grundregeln der Form

$$\text{wenn } \mathfrak{A}_1 \text{ und } \mathfrak{A}_2 \text{ und } \ldots, \text{ dann } \mathfrak{A}$$

und läßt sich daher als Kalkül auffassen. Erst durch diese auf LEIBNIZ (vgl. COUTURAT 1901) zurückgehende *Kalkülisierung* löst sich der Zirkel, der in einer *axiomatischen Theorie* der Logik steckt und der darin besteht, daß jede axiomatische Theorie Logik voraussetzt. *Kalküle setzen keine Logik voraus.* Für das *Begründungsproblem* der Logik, also für die Frage, mit welchem Recht man gewisse Schlüsse als logische Schlüsse anerkennt, liefert die Kalkülisierung dagegen natürlich keine Antwort. Die Wahl der Regeln A 1 —A 6 ist nur durch die *Evidenz* der entsprechenden Axiome in § 3 begründet. Auf das Begründungsproblem werden wir in Kap. IV zurückkommen.

Vorläufig sehen wir die Beschäftigung mit Kalkülen, die aus den bisherigen Axiomensystemen entstehen, als hinreichend begründet an und wollen uns klarmachen, daß wir mit diesen *Logikkalkülen* einen neuen Gegenstand der Untersuchung gefunden haben, der auch zu neuen Fragestellungen führt.

§ 7 Konsistenz und Vollständigkeit

Wir betrachten als Musterbeispiel eines Logikkalküls einen Kalkül, der auf GENTZEN zurückgeht.

Die Formeln $A, B, \ldots$ seien zusammengesetzt aus Aussagevariablen $a, b, \ldots$ und den Konstanten $\curlyvee$ $\curlywedge$ mit Hilfe von $\wedge$, $\vee$, $\neg$ und Klammern (,).

Die Aussagevariablen und Konstanten heißen Grundformeln, die Formeln $\neg A$ heißen Negationsformeln. Aus mehreren Formeln $A_1, \ldots A_n$ werden Konjunktionsformeln $(A_1 \wedge \ldots \wedge A_n)$ und Adjunktionsformeln $(A_1 \vee \ldots \vee A_n)$ gebildet — ohne innere Klammern.

Dadurch wird die Assoziativität (S. 32) von $\wedge$ und $\vee$ von vornherein berücksichtigt. Bei der Zusammensetzung von Konjunktions- bzw. Adjunktionsformeln mit $\wedge$ bzw. $\vee$ müssen die inneren Klammern weggelassen werden.

Logische Implikationen seien die nach den folgenden, ohne Klammern geschriebenen Regeln ableitbaren Figuren $A \prec B$:

G1: $\rightarrow A \wedge B \prec B \vee C$

G2.1: $A \wedge B_1 \wedge B_2 \prec C \rightarrow A \wedge B_2 \wedge B_1 \prec C$

$A \prec B_1 \vee B_2 \vee C \rightarrow A \prec B_2 \vee B_1 \vee C$

G2.2: $\curlyvee \wedge A \prec C \rightarrow A \prec C$

$A \prec C \vee \curlywedge \rightarrow A \prec C$

G3: $A \wedge B_1 \prec C,\ A \wedge B_2 \prec C \rightarrow A \wedge B_1 \vee B_2 \prec C$

$A \prec B_1 \vee C,\ A \prec B_2 \vee C \rightarrow A \prec B_1 \wedge B_2 \vee C$

G4: $A \wedge B \prec C \rightarrow A \prec \overline{B} \vee C$

$A \prec B \vee C \rightarrow A \wedge \overline{B} \prec C$

Eine Ableitung von z. B. $\overline{A \wedge B} \prec \overline{A} \vee \overline{B}$ nach diesem Kalkül sieht so aus:

1.	$\curlyvee \wedge A \prec A \vee \bar{B}$	G 1	
2.	$\curlyvee \prec \bar{A} \vee A \vee \bar{B}$	G 4	(1.)
3.	$\curlyvee \prec A \vee \bar{A} \vee \bar{B}$	G 2.1	(2.)
4.	$\curlyvee \wedge B \prec B \vee \bar{A} \vee \curlywedge$	G 1	
5.	$\curlyvee \prec \bar{B} \vee B \vee \bar{A} \vee \curlywedge$	G 4	(4.)
6.	$\curlyvee \prec B \vee \bar{A} \vee \bar{B} \vee \curlywedge$	G 2.1	(5.)
7.	$\curlyvee \prec B \vee \bar{A} \vee \bar{B}$	G 2.2	(6.)
8.	$\curlyvee \prec A \wedge B \vee \bar{A} \vee \bar{B}$	G 3	(3., 7.)
9.	$\curlyvee \wedge \overline{A \wedge B} \prec \bar{A} \vee \bar{B}$	G 4	(8.)
10.	$\overline{A \wedge B} \prec \bar{A} \vee \bar{B}$	G 2.2	(9.)

Genau genommen ist dieses keine Ableitung, sondern nur die *Form* einer Ableitung. Erst wenn man die Metavariablen A und B durch Formeln ersetzt, entstehen Ableitungen — wir wollen aber auf diesen Unterschied im folgenden nicht eigens aufmerksam machen.

Vergleicht man den Kalkül G 1 – G 4 mit dem Kalkül A 1 – A 6 aus § 3, so sieht man aus den in § 4 geführten Beweisen, daß die Regeln G 1 – G 4 als abgeleitete Regeln von A 1 – A 6 (nach Ergänzung durch entsprechende Grundregeln für $\vee$) zu erhalten sind. Für die Umkehrung dieses Verhältnisses fällt auf, daß in G 1 – G 4 die Transitivitätsregel (A 2) fehlt. Würde man diese zu G 1 – G 4 hinzunehmen, so hätte man sofort die Grundregeln A 1 – A 6 als abgeleitete Regeln in dem neuen Kalkül.

(A 2) selbst ist aber nicht als abgeleitete Regel von G 1 – G 4 zu erhalten, sondern nur – wie GENTZEN 1934 in seinem *Hauptsatz* gezeigt hat – als zulässige Regel. Um diese Zulässigkeit zu beweisen, wollen wir die Klasse der ableitbaren Implikationen auf eine andere

Weise als durch die Ableitbarkeit charakterisieren. Wir hatten in § 5 schon bemerkt, daß eine Aussageform genau dann logisch-wahr ist, wenn sie allgemeingültig ist, d. h. bei allen Ersetzungen der Aussagevariablen durch $\curlyvee$ oder $\curlywedge$ stets den Wert $\curlyvee$ annimmt. Eine Implikation $A \prec B$ ist nun eine logische Implikation, wenn $\overline{A} \vee B$ logisch-wahr ist, wenn also bei allen Ersetzungen der Aussagenvariablen durch $\curlyvee$ oder $\curlywedge$ stets eine der Implikationen $\curlyvee \prec \curlyvee$, $\curlywedge \prec \curlyvee$, $\curlywedge \prec \curlywedge$, niemals $\curlyvee \not\prec \curlywedge$ entsteht. Wir wollen eine Implikation mit dieser Eigenschaft *allgemeingültig* nennen.

Gemessen an diesem Begriff der allgemeingültigen Implikation wollen wir von dem Kalkül G 1 – G 4 zweierlei zeigen:

(1) der Kalkül G 1 – G 4 ist *konsistent,* d. h. *jede ableitbare Implikation ist allgemeingültig,*

(2) der Kalkül G 1 – G 4 ist *vollständig,* d. h. *jede allgemeingültige Implikation ist ableitbar.*

Eine unmittelbare Folgerung aus (1) und (2) wird dann die Zulässigkeit von A 2 für G 1 – G 4 sein. Sind nämlich $A \prec B$ und $B \prec C$ ableitbar, also nach (1) allgemeingültig, so kann keine Ersetzung der Aussagenvariablen $\curlyvee$ für A und $\curlywedge$ für C ergeben. Ergibt sie nämlich $\curlyvee$ für B, so muß sie auch $\curlyvee$ für C ergeben. Ergibt sie aber $\curlywedge$ für B, so muß sie auch $\curlywedge$ für A ergeben. $A \prec C$ ist demnach allgemeingültig, also nach (2) ableitbar.

Die Konsistenz von G 1 – G 4 (bezüglich der Allgemeingültigkeit) ist trivial, denn G 1 liefert nur allgemeingültige Implikationen und nach G 2 – G 4 entstehen nur allgemeingültige Implikationen, wenn man von solchen ausgeht.

Eine interessante Eigenart des Gentzen-Kalküls ist die *Umkehrbarkeit* der Grundregeln G 2 – G 4 in dem

Sinne, daß aus der Allgemeingültigkeit der Konklusion stets die Allgemeingültigkeit der Prämissen folgt. Diese Eigenschaft ist für den Beweis der Vollständigkeit von Wichtigkeit.

Implikationen der Form $A \wedge \overline{B} \prec C$ bzw. $A \prec \overline{B} \vee C$ sind genau dann allgemeingültig, wenn $A \prec B \vee C$ bzw. $A \wedge B \prec C$ allgemeingültig sind. Implikationen der Form $A \wedge B_1 \vee B_2 \prec C$ bzw. $A \prec B_1 \wedge B_2 \vee C$ sind genau dann allgemeingültig, wenn $A \wedge B_1 \prec C$ und $A \wedge B_2 \prec C$ bzw. $A \prec B_1 \vee C$ und $A \prec B_2 \vee C$ allgemeingültig sind. Die Frage nach der Allgemeingültigkeit einer Implikation läßt sich also durch G 3 und G 4 reduzieren auf die Allgemeingültigkeit von Implikationen, die entweder ein $\overline{}$ weniger oder links ein $\vee$ weniger oder rechts ein $\wedge$ weniger haben. Iteriert man diesen Prozeß, solange noch solche Junktoren vorhanden sind, so erhält man schließlich lauter Implikationen, die kein $\overline{}$ und weder links ein $\vee$ noch rechts ein $\wedge$ enthalten. Diese Implikationen haben also die Gestalt

$$a_1 \wedge a_2 \wedge \cdots \prec b_1 \vee b_2 \vee \cdots$$

(anstelle der Aussagenvariablen können allerdings auch $\curlyvee$ oder $\curlywedge$ auftreten). Implikationen dieser Form nennen wir *primitive* Implikationen.

Um unsere Ausdrucksweise vereinfachen zu können, wollen wir Implikationen, die durch G 2 allein auseinander hervorgehen, als „im wesentlichen" gleich ansehen. Sie unterscheiden sich ja nur durch die Anordnung und Zusammenfassung der Formeln, wenn man links bzw. rechts von den evtl. auftretenden $\curlyvee$ bzw. $\curlywedge$ absieht.

Zu jeder vorgelegten Implikation gehört dann, wenn wir im wesentlichen gleiche Implikationen nicht doppelt zählen, eine endliche Menge primitiver Implikationen, so daß

(1) die vorgelegte Implikation aus diesen primitiven Implikationen ableitbar ist,

(2) die vorgelegte Implikation genau dann allgemeingültig ist, wenn alle diese primitiven Implikationen allgemeingültig sind.

Beachtet man jetzt noch, daß trivialerweise eine primitive Implikation nur dann allgemeingültig ist, wenn sie nach G1 eine Grundimplikation ist (wenn also ein a_μ mit einem b_ν übereinstimmt — sonst ersetze man nämlich alle a_μ durch $\curlyvee$ und alle b_ν durch $\curlywedge$), so erhält man schon das gewünschte Resultat, daß jede allgemeingültige Implikation ableitbar ist.

Dieser Beweis liefert zugleich ein neues Verfahren, um zu entscheiden, ob eine Implikation eine logische Implikation ist oder nicht — ohne dazu die Allgemeingültigkeit erst nachzuprüfen. In den meisten Fällen ist die Reduktion auf primitive Implikationen bequemer. Wir haben von diesem Verfahren beim Beweis von (4.20) Gebrauch gemacht.

Die bisher besprochene Konsistenz und Vollständigkeit des GENTZEN-Kalküls ist genauer als eine *relative Konsistenz* und *relative Vollständigkeit* zu bezeichnen, denn sie bezieht sich auf die Allgemeingültigkeit der Implikationen. Auch für einen beliebigen Kalkül *K* lassen sich die Begriffe der *relativen Konsistenz* und *Vollständigkeit* definieren. Es muß dazu noch eine Klasse T von Figuren vorgegeben sein. Ist dann jede nach *K* ableitbare Figur eine Figur von T, so heißt *K relativ-konsistent* (bzgl. T). Ist jede Figur von T nach *K* ableitbar, so heißt *K relativ-vollständig* (bzgl. T).

Man nennt einen Kalkül *absolut-konsistent*, wenn es mindestens eine (aus den Atomen des Kalküls zusammengesetzte) Figur gibt, die in ihm nicht ableitbar ist. Ein Kalkül, der relativ-konsistent bzgl. einer echten Teilklasse T aller Figuren ist, ist damit auch stets absolut-konsistent.

IV. Effektive Logik der Junktoren

§ 8 Affirmative Logik

Wie wir in Kap. III gesehen haben, läßt sich der Vorwurf, dem ein Axiomensystem der Logik ausgesetzt sein muß — der Vorwurf nämlich, daß aus Axiomen nur durch logisches Schließen (das für jede axiomatische Theorie vorausgesetzt wird) weitere Sätze zu beweisen sind —, nicht mehr gegenüber den Logikkalkülen erheben.

Eine rückblickende Betrachtung von Kap. III zeigt uns jedoch andererseits sofort, daß dort nicht nur „logikfreie" Ableitungen von Figuren nach Kalkülen vorgenommen sind, sondern mehrfach Sätze bewiesen sind. Ähnlich wie wir in Kap. II die in Kap. I stillschweigend benutzten Schlußregeln herausgestellt haben, können wir jetzt nach den Schlüssen fragen, mit denen — wiederum teilweise stillschweigend — in Kap. III bewiesen worden ist.

Systematisch gestellt lautet die Frage: Wie kann man Sätze über Kalküle beweisen? Wir wollen diese Frage hier nur soweit behandeln, als sie für die Logik relevant ist (vgl. die *Protologik* in LORENZEN 1955). Ist ein Kalkül gegeben, so haben wir als einfachste Beweismöglichkeit die Beweise der Ableitbarkeit von Figuren. Dazu braucht nur eine Ableitung hingeschrieben zu werden. Dies gilt auch für die Ableitbarkeit von Regeln. Ist in einem Kalkül K die Regel

$$\mathfrak{A}_1, \ldots, \mathfrak{A}_n \to \mathfrak{A}$$

ableitbar, so schreiben wir

$$\mathfrak{A}_1, \ldots, \mathfrak{A}_n \vdash_K \mathfrak{A}$$

und schreiben $\vdash$ statt $\vdash_K$, wenn es ohne Mißverständnisse möglich ist.

Ist $\mathfrak{A}_1, \ldots, \mathfrak{A}_n \rightarrow \mathfrak{A}$ zulässig in K, so schreiben wir

$$\vdash_K \mathfrak{A}_1, \ldots, \mathfrak{A}_n \rightarrow \mathfrak{A}.$$

Dadurch erhält das Zeichen $\vdash_K$ (kürzer $\vdash$) eine neue Bedeutung. Wir haben den Satz:

(8.1) *wenn* $\mathfrak{A}_1, \ldots, \mathfrak{A}_n \vdash \mathfrak{A}$, *dann* $\vdash \mathfrak{A}_1, \ldots, \mathfrak{A}_n \rightarrow \mathfrak{A}$.

Dieser läßt sich nicht umkehren, wie wir in § 7 schcn an einem *protologischen* Beispiel gesehen haben. Es stellt sich daher die Aufgabe, nach weiteren Methoden zu suchen, die zulässige Regeln liefern.

Unserer Definition der Logik entsprechend, nach der nur diejenigen Schlüsse als „logisch" gelten, die allein von der Form der Aussagen abhängen, also unabhängig von dem in den Aussagen vorkommenden „*Stoff*" sind, werden wir uns aber auch bei den jetzt zu betrachtenden Aussagen über Zulässigkeit nicht für solche Aussagen interessieren, die nur auf Grund irgendwelcher Besonderheiten des zugrunde liegenden Kalküls gelten. Wir werden unsere Betrachtung vielmehr einengen auf solche Zulässigkeitsaussagen, die allgemein, d. h. für beliebige Kalküle, gelten.

In diesem Sinne *allgemeinzulässig* ist die Regel der „*allgemeinen Reflexivität*"

(8.2) $a_1, \ldots, a_n \rightarrow a_\nu \; (\nu = 1, \ldots, n)$.

Werden hier die Variablen $a_1, a_2, \ldots$ durch Formeln eines Kalküls ersetzt, so entsteht eine in diesem Kalkül zulässige Regel. Unter einer Formel ist dabei eine Figur zu verstehen, die aus den Atomfiguren des Kalküls zusammengesetzt ist, evtl. aber auch noch Variable $x, y, \ldots$ enthält, die ihrerseits Variable für allein aus den Atomen zusammengesetzte Figuren sind.

Es ist leicht zu sehen, daß eine Regel $a_1, \ldots, a_n \rightarrow a$, in der a von den $a_1, \ldots, a_n$ verschieden ist, nicht allgemeinzulässig ist.

Zu weiteren Sätzen über die Allgemeinzulässigkeit (also zu „logischen" Sätzen) gelangt man, wenn man, entsprechend zu dem Übergang von der Ableitbarkeit zur *hypothetischen* Ableitbarkeit, untersucht, wann eine Regel *nach Hinzufügung anderer Regeln* zulässig ist.

Wir benutzen R oder $R_1, R_2, \ldots$ als Variable für Regeln. Wenn in einem Kalkül K nach Erweiterung durch Regeln $R_1, \ldots, R_n$ die Regel R zulässig wird, so schreiben wir

$$R_1; \ldots; R_n \vdash_K R.$$

Auch hier beschränken wir uns wieder auf die Aussagen, die für beliebige Kalküle gelten, und können daher meist ohne Mißverständnis $\vdash$ statt $\vdash_K$ benutzen. Der einfachste Fall solcher *hypothetischen Zulässigkeitsaussagen* liegt dann vor, wenn die Regel R in dem erweiterten Kalkül nicht nur zulässig ist, sondern sogar ableitbar, wie in dem Beispiel:

(8.3) $$\mathfrak{A} \to \mathfrak{B}; \mathfrak{B} \to \mathfrak{C} \vdash \mathfrak{A} \to \mathfrak{C}.$$

Der Beweis ergibt sich mit (8.1) sofort daraus, daß $\vdash \mathfrak{A} \to \mathfrak{C}$ in jedem Kalkül gilt, zu dessen Grundregeln $\mathfrak{A} \to \mathfrak{B}$ und $\mathfrak{B} \to \mathfrak{C}$ gehören. (8.3) erinnert an die Transitivität (A 2) der logischen Implikation. Als eine *„allgemeine Transitivität"* läßt sich für Regeln formulieren:

(8.4) $$a_1, \ldots, a_m \to b_1; \ldots; a_1, \ldots, a_m \to b_n; \quad b_1, \ldots, b_n \to c \vdash a_1, \ldots, a_m \to c.$$

Spezialfälle von (8.2) und (8.4) kommen schon in der *antiken* Logik vor — natürlich nicht mit der gegenwärtigen Interpretation als Sätze über beliebige Kalküle, sondern als allgemeine Sätze über das Schließen. Und Schließen war stets ein Schließen mit sprachlichen Aussagen. Wie wir hier sehen, spielt das Sprachliche aber gar keine Rolle für die Schlüsse.

Die Unabhängigkeit des logischen Schließens von der Sprache gilt auch noch für Konjunktion und Adjunktion. Wir hatten zwar gesehen, daß sich die Konjunktion dadurch definieren läßt, daß $\mathfrak{A} \wedge \mathfrak{B}$ genau dann faktisch-wahr ist, wenn $\mathfrak{A}$ faktisch-wahr ist und $\mathfrak{B}$ faktisch-wahr ist, wir haben aber auch die Möglichkeit, die Konjunktion für beliebige Kalküle einzuführen. Genau genommen steckt ja schon in dem Komma, mit dem wir die Prämissen einer Regel $\mathfrak{A}_1, \ldots \mathfrak{A}_n \rightarrow \mathfrak{A}$ verbinden, eine Konjunktion. Aber dieses Komma gehört — wie der Pfeil — zu der Metasprache, d. h. zu der Sprache, mit der wir über den Kalkül sprechen. Eine *Konjunktion,* die die Figuren des Kalküls zu neuen Figuren zusammengesetzt, die also — wenn wir die Figuren als Aussagen einer *Objektsprache* bezeichnen wollen — zur Objektsprache gehört, erhalten wir erst dann, wenn wir den Kalkül durch eine neue Atomfigur $\wedge$ erweitern und als neue Grundregel hinzufügen, daß aus $\mathfrak{A}$ und $\mathfrak{B}$ stets $\mathfrak{A} \wedge \mathfrak{B}$ hergestellt werden darf. Diese Erweiterung kann mit jedem Kalkül vorgenommen werden. Wir präzisieren die vorzunehmende Erweiterung folgendermaßen. K sei ein Kalkül. Als Figuren $\mathfrak{A}, \mathfrak{B}, \ldots$ des erweiterten Kalküls $K_\wedge$ nehme man

(1) die Figuren von K

(2) mit $\mathfrak{A}, \mathfrak{B}$ auch $(\mathfrak{A} \wedge \mathfrak{B})$.

Zu den Atomfiguren sind also evtl. auch noch die Klammern (,), hinzuzufügen. Als Grundregeln von $K_\wedge$ nehme man

(1) die Grundregeln von K

(die Variablen in diesen Regeln stehen dabei nach wie vor nur für die Figuren von K)

(2) $a, b \rightarrow (a \wedge b)$.

Hier sind $a, b, \ldots$ Variable für die Figuren von $K_\wedge$. Für den protologischen Kalkül K aus § 6 würde diese Erweiterung $K_\wedge$ z. B. die Ableitbarkeit von $((++o+\wedge+o)\wedge +++)$, aber nicht von $(+\wedge+)o$ bewirken.

Es ist leicht zu sehen, daß die Erweiterung von K zu $K_\wedge$ *relativ-zulässig* ist in dem folgenden Sinne: Von den Figuren, die $\wedge$ nicht enthalten, die also aus den Atomen von K allein zusammengesetzt sind, ist keine in der Erweiterung ableitbar, wenn sie nicht schon in dem ursprünglichen Kalkül ableitbar ist.

Die relative Zulässigkeit der Erweiterung durch die Regel

(8.5) $$a, b \rightarrow (a \wedge b)$$

(nämlich relativ zu der Klasse der Figuren, die $\wedge$ nicht enthalten) gilt für jeden Kalkül.

Wir wollen nun beweisen, daß für die Erweiterung $K_\wedge$ gewisse Zulässigkeiten gelten, die den Axiomen, die wir für die Konjunktion bisher benutzt haben, entsprechen. Für die Zulässigkeit bzgl. $K_\wedge$ benutzen wir dabei das Symbol $\vdash_\wedge$.

(8.6) $$\mathfrak{C} \rightarrow \mathfrak{A};\ \mathfrak{C} \rightarrow \mathfrak{B} \vdash_\wedge \mathfrak{C} \rightarrow \mathfrak{A} \wedge \mathfrak{B}$$

(8.7) $$\vdash_\wedge \mathfrak{A} \wedge \mathfrak{B} \rightarrow \mathfrak{A}$$

(8.8) $$\vdash_\wedge \mathfrak{A} \wedge \mathfrak{B} \rightarrow \mathfrak{B}$$

(8.6) behauptet, daß $\mathfrak{C} \rightarrow \mathfrak{A} \wedge \mathfrak{B}$ nach der Hinzufügung von $\mathfrak{C} \rightarrow \mathfrak{A}$ und $\mathfrak{C} \rightarrow \mathfrak{B}$ zulässig ist. Ersichtlich ist $\mathfrak{A} \wedge \mathfrak{B}$ dann sogar aus $\mathfrak{C}$ ableitbar:

0.	$\mathfrak{C}$	
1.	$\mathfrak{A}$	$(\mathfrak{C} \rightarrow \mathfrak{A})$
2.	$\mathfrak{B}$	$(\mathfrak{C} \rightarrow \mathfrak{B})$
3.	$\mathfrak{A} \wedge \mathfrak{B}$	(8.5)

Bei (8.7) und (8.8) gilt dagegen nicht etwa die Ableitbarkeit von $\mathfrak{A}$ aus $\mathfrak{A} \wedge \mathfrak{B}$. Die Zulässigkeit der Regel $\mathfrak{A} \wedge \mathfrak{B} \rightarrow \mathfrak{A}$ ergibt sich aber daraus, daß $\mathfrak{A} \wedge \mathfrak{B}$ nur dann abgeleitet werden kann, wenn vorher $\mathfrak{A}$ (und $\mathfrak{B}$) abgeleitet ist. Zur Ableitung von $\mathfrak{A} \wedge \mathfrak{B}$ steht nämlich nur die Regel (8.5) zur Verfügung. Eine Anwendung von $\mathfrak{A} \wedge \mathfrak{B} \rightarrow \mathfrak{A}$ — und ebenso von $\mathfrak{A} \wedge \mathfrak{B} \rightarrow \mathfrak{B}$ — liefert also nichts Neues, diese Regeln sind zulässig.

Wir haben auf diese Weise eine *Begründung* für die „Axiome" der Logik — zunächst soweit sie die Konjunktion betreffen — gefunden. Für die *Adjunktion* läßt sich dasselbe erreichen, wenn man die Möglichkeit in Betracht zieht, daß sich jeder Kalkül durch ein Atom $\vee$ erweitern läßt, indem zu den Grundregeln hinzugenommen wird

(8.9) $$a \rightarrow (a \vee b)$$

(8.10) $$b \rightarrow (a \vee b).$$

Auch die Erweiterung durch (8.9) und (8.10) ist relativ-zulässig, und zwar wieder relativ zu der Klasse der Kalkülfiguren, die $\vee$ nicht enthalten. Die neuen Regeln liefern ja nur Figuren mit $\vee$. Dual zu (8.6) beweisen wir

(8.11) $$\mathfrak{A} \rightarrow \mathfrak{C};\ \mathfrak{B} \rightarrow \mathfrak{C} \vdash_{\vee} \mathfrak{A} \vee \mathfrak{B} \rightarrow \mathfrak{C}.$$

Hier ist zu zeigen, daß in einem durch $\vee$ erweiterten $K_{\vee}$ (indem also (8.9) und (8.10) Grundregeln sind) nach Hinzufügung von $\mathfrak{A} \rightarrow \mathfrak{C}$ und $\mathfrak{B} \rightarrow \mathfrak{C}$ die Regel $\mathfrak{A} \vee \mathfrak{B} \rightarrow \mathfrak{C}$ zulässig ist. Eine Ableitung, die von der Regel $\mathfrak{A} \vee \mathfrak{B} \rightarrow \mathfrak{C}$ Gebrauch macht, enthält nun oberhalb der Anwendung dieser Regel eine Ableitung von $\mathfrak{A} \vee \mathfrak{B}$. Da hierfür nur die Regeln (8.9) und (8.10) zur Verfügung stehen, sind zwei Fälle zu unterscheiden. Ist (8.9) gebraucht, so ist $\mathfrak{A}$ ableitbar und nach $\mathfrak{A} \rightarrow \mathfrak{C}$

daher $\mathfrak{C}$. Ist dagegen (8.10) gebraucht, so ist $\mathfrak{B}$ ableitbar und nach $\mathfrak{B} \to \mathfrak{C}$ daher $\mathfrak{C}$. In beiden Fällen ist $\mathfrak{C}$ ableitbar ohne Anwendung der Regel $\mathfrak{A} \vee \mathfrak{B} \to \mathfrak{C}$, d. h. diese Regel ist zulässig.

Um die Analogie unserer Resultate zu den Axiomen der logischen Implikation $\prec$ deutlicher zu machen, definieren wir

(8.12) $$\mathfrak{A} \prec_K \mathfrak{B} \leftrightharpoons \vdash_K \mathfrak{A} \to \mathfrak{B}.$$

Wir haben es hier mit einer Implikation zu tun, die der faktischen Implikation entspricht. Wie die faktische Implikation sich auf eine „Wirklichkeit" bezieht (an deren Stelle für die Logik allerdings einfach eine Bewertung der primitiven Aussagen durch w oder f treten kann), so bezieht sich die Implikation $\prec_K$ auf einen Kalkül. Der philosophisch relevante Unterschied liegt darin, daß ein Kalkül nichts Wirkliches ist, sondern nur Regeln für unser eigenes Handeln, für das Operieren mit Figuren, enthält. Wir nennen die jetzt eingeführte Implikation daher *operative Implikation*. Die Zulässigkeit $\vdash_K$ entspricht dabei der faktischen Wahrheit und kann dieser als *operative Wahrheit* gegenübergestellt werden.

Wir haben bisher bewiesen:

(8.13) $$\left\{\begin{array}{c} \mathfrak{A} \prec_K \mathfrak{A} \\ \text{wenn } \mathfrak{A} \prec_K \mathfrak{B} \text{ und } \mathfrak{B} \prec_K \mathfrak{C}, \text{ dann } \mathfrak{A} \prec_K \mathfrak{C} \\ \mathfrak{A} \wedge \mathfrak{B} \prec_K \mathfrak{A} \\ \mathfrak{A} \wedge \mathfrak{B} \prec_K \mathfrak{B} \\ \text{wenn } \mathfrak{C} \prec_K \mathfrak{A} \text{ und } \mathfrak{C} \prec_K \mathfrak{B}, \text{ dann } \mathfrak{C} \prec_K \mathfrak{A} \wedge \mathfrak{B} \\ \mathfrak{A} \prec_K \mathfrak{A} \vee \mathfrak{B} \\ \mathfrak{B} \prec_K \mathfrak{A} \vee \mathfrak{B} \\ \text{wenn } \mathfrak{A} \prec_K \mathfrak{C} \text{ und } \mathfrak{B} \prec_K \mathfrak{C}, \text{ dann } \mathfrak{A} \vee \mathfrak{B} \prec_K \mathfrak{C} \end{array}\right.$$

Der Übergang von diesen Sätzen zu den Axiomen der logischen Implikation läßt sich dadurch bewerkstelligen, daß man Aussageformen $A, B, C, \ldots$ aus den Variablen $a, b, c, \ldots$ mit Hilfe von $\wedge$, $\vee$, bildet und dann die *logische Implikation*

$$A(c_1, c_2, \ldots) \prec B(c_1, c_2, \ldots)$$

dadurch definiert, daß nach Ersetzung der Variablen $c_1, c_2, \ldots$ durch die Metavariablen $\mathfrak{C}_1, \mathfrak{C}_2, \ldots$ für die Figuren eines Kalküls K stets

$$A(\mathfrak{C}_1, \mathfrak{C}_2, \ldots) \prec_K B(\mathfrak{C}_1, \mathfrak{C}_2, \ldots)$$

gilt. Man kann dann in (8.13) den Index K überall weglassen, wenn dabei $\mathfrak{A}, \mathfrak{B}, \ldots$ durch $A, B, \ldots$ ersetzt wird.

Diese Zurückführung der logischen Implikation auf die operative Implikation statt auf die faktische Implikation gibt nicht nur eine *Begründung* der logischen Axiome für Konjunktion und Adjunktion, sie führt außerdem für die übrigen Junktoren zu abweichenden Resultaten.

Die übrigen Junktoren lassen sich nämlich nicht auf dieselbe Weise operativ interpretieren, wie das für $\wedge$ und $\vee$ möglich war.

Die Sonderstellung von $\wedge$ und $\vee$ ergibt sich aus folgenden Gründen. Zunächst ist eine Regel $\mathfrak{A}_1, \ldots, \mathfrak{A}_n \to \mathfrak{A}$ immer ersetzbar durch $\mathfrak{A}_1 \wedge \ldots \wedge \mathfrak{A}_n \to \mathfrak{A}$. Denn, ist $\mathfrak{A}_1, \ldots, \mathfrak{A}_n \to \mathfrak{A}$ zulässig, so nach (8.4) auch $\mathfrak{A}_1 \wedge \ldots \wedge \mathfrak{A}_n \to \mathfrak{A}$. Ist umgekehrt $\mathfrak{A}_1 \wedge \ldots \wedge \mathfrak{A}_n \to \mathfrak{A}$ zulässig, so auch $\mathfrak{A}_1, \ldots, \mathfrak{A}_n \to \mathfrak{A}$ wegen $\mathfrak{A}_1, \ldots, \mathfrak{A}_n \to \mathfrak{A}_1 \wedge \ldots \wedge \mathfrak{A}_n$.

Ferner ist ein System von Regeln $\mathfrak{A}_1 \to \mathfrak{B}; \ldots; \mathfrak{A}_m \to \mathfrak{B}$ immer ersetzbar durch die eine Regel $\mathfrak{A}_1 \vee \ldots \vee \mathfrak{A}_m \to \mathfrak{B}$, wie aus (8.9) bis (8.10) folgt. Wollte man also einen weiteren Junktor o entsprechend zu $\wedge$ und $\vee$ durch ein System von Regeln

$$\mathfrak{A}_1, \ldots, \mathfrak{A}_n \to \mathfrak{A} \circ \mathfrak{B}$$

einführen, so gäbe es eine nur mit $\wedge$ und $\vee$ zusammengesetzte Formel $\mathfrak{C}$, so daß das obige System durch die eine Regel

$$\mathfrak{C} \to \mathfrak{A} \, o \, \mathfrak{B}$$

ersetzt werden könnte — und $\mathfrak{A} \, o \, \mathfrak{B}$ könnte daher stets durch $\mathfrak{C}$ ersetzt werden.

Die allein mit $\wedge$ und $\vee$ aus Variablen zusammengesetzten Formeln haben schließlich, wie leicht zu sehen ist, die Eigenart, daß bei jeder Ersetzung, die alle Variablen außer einer, etwa a, durch $\curlyvee$ oder $\curlywedge$ ersetzt, nach der klassischen Junktorenlogik niemals eine zu $\bar{a}$ äquivalente Formel entsteht.

Wir wollen uns kurz so ausdrücken, daß von den 10 Junktoren nur $\wedge$ und $\vee$ affirmativ sind.

Nur diese affirmativen Junktoren lassen sich also operativ durch ein System von Regeln in beliebigen Kalkülen einführen.

In der klassischen Logik spielte noch die Subjunktion eine bevorzugte Rolle. Vergleichen wir (8.12) mit der Definition der faktischen Implikation:

$\mathfrak{A}$ impliziert faktisch $\mathfrak{B} \leftrightharpoons \mathfrak{A} \mathrel{\ulcorner\!-} \mathfrak{B}$ ist faktisch-wahr,

so sieht man, daß an die Stelle der Subjunktion $\mathfrak{A} \mathrel{\ulcorner\!-} \mathfrak{B}$ die Regel $\mathfrak{A} \to \mathfrak{B}$ zu treten hat.

$\mathfrak{A} \to \mathfrak{B}$ ist allerdings keine Figur des Kalküls, sondern gehört zur Metasprache. Wir müssen daher die Betrachtungsweise ändern und die bisherigen Regeln als neue Objekte nehmen. Wir können uns dabei auf Regeln der Form $\mathfrak{A} \to \mathfrak{B}$ mit einer Prämisse $\mathfrak{A}$ beschränken, wenn wir die Kalküle stets durch $\wedge$ erweitert denken. In $\mathfrak{A}, \mathfrak{B}, \ldots$ evtl auftretende Variable denken wir uns stets beliebig durch konstante Figuren ersetzt.

Zu jedem Kalkül K gehört die Klasse der für diesen Kalkül zulässigen Regeln. Wir betrachten jetzt *Metaregeln,* d. h. Regeln über Regeln. Wir schreiben diese

$$\mathfrak{A}_1 \rightarrow \mathfrak{B}_1 ; \mathfrak{A}_2 \rightarrow \mathfrak{B}_2 ; \ldots \dot{\rightarrow} \mathfrak{A}_n \rightarrow \mathfrak{B}_n$$

z. B. $$\mathfrak{A} \rightarrow \mathfrak{B} ; \mathfrak{B} \rightarrow \mathfrak{C} \dot{\rightarrow} \mathfrak{A} \rightarrow \mathfrak{C} .$$

Vergleicht man diese Metaregel mit (8.3), so sieht man, daß die Metaregel die folgende Eigenschaft hat: Angewandt auf zulässige Regeln eines Kalküls K liefert sie stets wieder eine zulässige Regel von K. Wir wollen daher auch die Metaregel *„zulässig"* für K nennen und schreiben wieder

(8.14) $$\vdash_K \mathfrak{A} \rightarrow \mathfrak{B} ; \mathfrak{B} \rightarrow \mathfrak{C} \dot{\rightarrow} \mathfrak{A} \rightarrow \mathfrak{C} .$$

Der Übergang von (8.3) zu (8.14) ist genau derselbe Übergang wie der von

$$\mathfrak{A}_1 , \ldots , \mathfrak{A}_n \vdash \mathfrak{A} \text{ zu } \vdash \mathfrak{A}_1 , \ldots , \mathfrak{A}_n \rightarrow \mathfrak{A}$$

und läßt sich, wie dieser, i. a. nicht umkehren. Wir sind jetzt nur auf einer höheren Reflexionsstufe.

Da (8.14) für jeden Kalkül K gilt, haben wir hier eine *allgemeinzulässige* Metaregel.

Um uns bei Metaregeln wieder auf eine Prämisse beschränken zu können, führen wir die Konjunktion auch für Regeln ein. $R, S, \ldots$ seien Variable für Regeln. Wir setzen dann die folgende Metaregel in Kraft:

(8.15) $$R ; S \dot{\rightarrow} R \dot{\wedge} S .$$

Die Adjunktion läßt sich entsprechend einführen durch

(8.16) $$\begin{array}{l} S \dot{\rightarrow} R \dot{\vee} S \\ R \dot{\rightarrow} R \dot{\vee} S . \end{array}$$

Aus den Regeln entstehen durch Zusammensetzung mit $\dot{\wedge}$ und $\dot{\vee}$ neue Figuren, die wir jetzt *„Metafiguren"* nennen wollen. Die Metafiguren, die nach den Metaregeln (8.15) und (8.16) herzustellen sind, wobei als Anfänge alle zulässigen Regeln zu nehmen sind, heißen *zulässige Metafiguren.*

Wir erhalten so einen *Metakalkül*. Dieser unterscheidet sich von den bisherigen Kalkülen wesentlich dadurch, daß kein endliches System von Anfängen gegeben ist, sondern nur die Festsetzung, daß jede der (unendlich vielen) zulässigen Regeln ein Anfang sein soll. Dieser Unterschied wirkt sich gegenwärtig aber nicht aus. Wir können vielmehr von diesem Metakalkül ausgehend wieder die Klasse der *zulässigen Metaregeln* betrachten und — indem wir die Reflexion iterieren — nach solchen Regeln über Metaregeln fragen, die die Klasse der zulässigen Metaregeln nicht echt erweitern. Diese wären dann „zulässige *Metametaregeln*" zu nennen.

Bei der Iteration, die sich — wenn man einmal ihr Prinzip erfaßt hat — natürlich beliebig weit fortsetzen läßt, erhält man auf jeder Stufe immer wieder dieselben Sätze über die Zulässigkeit bzgl. eines Kalküls und über die Allgemeinzulässigkeit.

Über das Bisherige hinaus, d. h. über die (8.13) entsprechenden Sätze hinaus, erhält man etwas Neues schon auf der Metametastufe. Es gilt nämlich, daß die folgenden Metametaregeln allgemeinzulässig sind.

(8.17) $$\rightarrow \mathfrak{A} \stackrel{.}{\rightarrow} \mathfrak{B} \rightarrow \mathfrak{C} \stackrel{..}{\rightarrow} \stackrel{.}{\rightarrow} \mathfrak{A} \wedge \mathfrak{B} \rightarrow \mathfrak{C}$$

(8.18) $$\stackrel{.}{\rightarrow} \mathfrak{A} \wedge \mathfrak{B} \rightarrow \mathfrak{C} \stackrel{..}{\rightarrow} \rightarrow \mathfrak{A} \stackrel{.}{\rightarrow} \mathfrak{B} \rightarrow \mathfrak{C}$$

Hierbei ist $\rightarrow \mathfrak{A}$ geschrieben für die Regel, die $\mathfrak{A}$ als Anfang setzt, $\stackrel{.}{\rightarrow} \mathfrak{A} \wedge \mathfrak{B} \rightarrow \mathfrak{C}$ steht für die Metaregel, die $\mathfrak{A} \wedge \mathfrak{B} \rightarrow \mathfrak{C}$ als Anfang des Metakalküls setzt. Läßt man die Pfeile ohne Vorderglieder weg und zieht man beide Regeln in eine zusammen, indem man $\stackrel{..}{\longleftrightarrow}$ an Stelle von $\stackrel{..}{\rightarrow}$ und $\stackrel{..}{\leftarrow}$ benutzt, so erhält man

$$\mathfrak{A} \stackrel{.}{\rightarrow} \mathfrak{B} \rightarrow \mathfrak{C} \stackrel{.}{\longleftrightarrow} \mathfrak{A} \wedge \mathfrak{B} \rightarrow \mathfrak{C},$$

was den klassischen Transportationsregeln entspricht.

Zum Beweis von (8.17) hat man die Zulässigkeit der Regel $\mathfrak{A} \wedge \mathfrak{B} \rightarrow \mathfrak{C}$ zu zeigen, wenn die Zulässigkeit von $\rightarrow \mathfrak{A} \dot{\rightarrow} \mathfrak{B} \rightarrow \mathfrak{C}$ für den Metakalkül hypothetisch angenommen wird. Um $\mathfrak{A} \wedge \mathfrak{B} \rightarrow \mathfrak{C}$ im Kalkül anwenden zu können, muß zuvor $\mathfrak{A} \wedge \mathfrak{B}$ und also auch $\mathfrak{A}$ abgeleitet sein. Dann ist $\rightarrow \mathfrak{A}$ zulässig und die hypothetische Metaregel ergibt $\mathfrak{B} \rightarrow \mathfrak{C}$ als zulässig. Da auch $\mathfrak{B}$ abgeleitet sein muß, ergibt eine Anwendung von $\mathfrak{B} \rightarrow \mathfrak{C}$ die gewünschte Konklusion $\mathfrak{C}$ — ohne daß $\mathfrak{A} \wedge \mathfrak{B} \rightarrow \mathfrak{C}$ angewendet wäre.

Zum Beweis von (8.18) haben wir im Metakalkül die Zulässigkeit von $\rightarrow \mathfrak{A} \dot{\rightarrow} \mathfrak{B} \rightarrow \mathfrak{C}$ zu zeigen, wenn hypothetisch $\mathfrak{A} \wedge \mathfrak{B} \rightarrow \mathfrak{C}$ im Metakalkül als Anfang genommen wird. Um $\rightarrow \mathfrak{A} \dot{\rightarrow} \mathfrak{B} \rightarrow \mathfrak{C}$ anwenden zu können, muß $\rightarrow \mathfrak{A}$ als zulässig zur Verfügung stehen. Dann ist aber $\mathfrak{B} \rightarrow \mathfrak{C}$ zulässig, weil mit $\mathfrak{B}$ als Hypothese sofort $\mathfrak{C}$ ableitbar ist:

0. $\mathfrak{B}$
1. $\mathfrak{A}$ $\quad (\rightarrow \mathfrak{A})$
2. $\mathfrak{C}$ $\quad (\mathfrak{A} \wedge \mathfrak{B} \rightarrow \mathfrak{C})$.

Auf Grund der Allgemeinzulässigkeit von (8.17) und (8.18) können wir die über die operative Implikation bewiesenen Sätze (8.13) ergänzen durch

$$\begin{aligned} &\text{wenn } \mathfrak{A} \prec_K \mathfrak{B} \rightarrow \mathfrak{C}, \text{ dann } \mathfrak{A} \wedge \mathfrak{B} \prec_K \mathfrak{C}, \\ &\text{wenn } \mathfrak{A} \wedge \mathfrak{B} \prec_K \mathfrak{C}, \text{ dann } \mathfrak{A} \prec_K \mathfrak{B} \rightarrow \mathfrak{C}. \end{aligned} \tag{8.19}$$

Da diese Sätze für jeden Kalkül K gelten, kann der Index K wieder weggelassen werden.

Wir sind damit zu einem System von Sätzen gelangt, das als ein *Axiomensystem* zur Gewinnung weiterer Sätze dienen könnte. Genau wie wir in Kap. III aber auf Grund des Axiomensystems von Kap. II zu Logikkalkülen übergegangen sind, wollen wir jetzt gleich einen neuen *Logikkalkül* aufstellen.

Als Formeln des Kalküls nehmen wir die Zusammensetzungen von Symbolen $a, b, \ldots$ mit $\wedge$, $\vee$ und $\rightarrow$, wozu natürlich auch noch Klammern gehören. Mit diesen Formeln $A, B, \ldots$ stellen wir dann Regeln zur Ableitung von Implikationen $A \prec B$ auf. Zur Notation der Regeln können wir dabei den Pfeil $\rightarrow$ nicht mehr gebrauchen, wir verwenden daher einen *zweifachen Pfeil* $\Rightarrow$. Ebenso ersetzen wir das einfache Komma durch ein *zweifaches Komma* ,,. Die Grundregeln lauten dann:

Br1:	$A \prec B,\!, \; B \prec C$	$\Rightarrow A \prec C$
Br2:		$\Rightarrow A \prec A$
Br3:		$\Rightarrow A \wedge B \prec A$
Br4:		$\Rightarrow A \wedge B \prec B$
Br5:	$C \prec A,\!, \; C \prec B$	$\Rightarrow C \prec A \wedge B$
Br6:		$\Rightarrow A \prec A \vee B$
Br7:		$\Rightarrow B \prec A \vee B$
Br8:	$A \prec C,\!, \; B \prec C$	$\Rightarrow A \vee B \prec C$
Br9:	$A \wedge B \prec C$	$\Rightarrow A \prec B \rightarrow C$
Br10:	$A \prec B \rightarrow C$	$\Rightarrow A \wedge B \prec C$

Wir nennen diesen Kalkül den BROUWER*kalkül*, weil die in ihm kalkülisierte *affirmative Logik* auf den *Intuitionismus* von BROUWER 1907 zurückgeht.

(Für die Vollständigkeit dieses und der weiteren Kalküle vgl. den Anhang.)

Ähnlich wie in § 4 erhält man die gegenseitige Distributivität von $\wedge$ und $\vee$, z. B.

(8.20) $$A \vee B \dot{\wedge} C \asymp A \wedge C \dot{\vee} B \wedge C.$$

An Stelle der dort benutzten Transportationsregeln sind Br9 und Br10 -- man nennt diese die Regeln der *Importation* und *Exportation* — zu verwenden:

1. $A \wedge C \prec A \wedge C \dot{\vee} B \wedge C$ Br6

2.	$B \wedge C \prec A \wedge C \dot{\vee} B \wedge C$	Br7
3.	$A \prec C \dashrightarrow A \wedge C \dot{\vee} B \wedge C$	Br9
4.	$B \prec C \dashrightarrow A \wedge C \dot{\vee} B \wedge C$	Br9
5.	$A \vee B \prec C \dashrightarrow A \wedge C \dot{\vee} B \wedge C$	Br8
6.	$A \vee B \dot{\wedge} C \prec A \wedge C \dot{\vee} B \wedge C$	Br10

Natürlich läßt sich dieser Beweis jetzt nicht dualisieren, weil keine zu Ex- und Importation dualen Regeln zur Verfügung stehen. Aber aus (8.20) ist ja (vgl. (4.18)) die Schnittregel allein auf Grund von Br1 — Br8 ableitbar — und dann folgt die zu (8.20) duale Distributivität.

Setzt man

(8.21) $\curlyvee \leftrightharpoons A \to A,$

so ergibt sich die Ableitbarkeit von $B \prec \curlyvee$.

Beweis:	1.	$A \wedge B \prec A$	Br3
	2.	$B \prec A \to A$	Br9

Danach ist $A \prec B$ genau dann ableitbar, wenn $\curlyvee \prec A \to B$ ableitbar ist.

Für die affirmative Logik gibt es auch einen GENTZEN-Kalkül, der dadurch wichtig ist, daß er ein *Entscheidungsverfahren* für die Ableitbarkeit liefert.

Die Formeln sind aus Variablen $a, b, \ldots$ und $\curlyvee$ mit Hilfe von $\wedge, \vee, \to$ zusammengesetzt. Aus mehreren Formeln werden Konjunktionsformeln ohne Klammern zusammengesetzt (dieses Mal keine Adjunktionsformeln).

Mit $A, B, \ldots$ als Metavariablen für Formeln werden als *affirmativ-logische* Implikationen die Figuren definiert, die nach dem folgenden Kalkül ableitbar sind.

G+1:		$\Rightarrow A \wedge c \prec c$
G+2.1:	$A \wedge B_1 \wedge B_2 \prec C$	$\Rightarrow A \wedge B_2 \wedge B_1 \prec C$
G+2.2:	$\curlyvee \wedge A \prec B$	$\Rightarrow A \prec B$
G+3.1:	$A \prec C_1,, A \prec C_2$	$\Rightarrow A \prec C_1 \wedge C_2$
G+3.2:	$A \prec C_1$	$\Rightarrow A \prec C_1 \vee C_2$
	$A \prec C_2$	$\Rightarrow A \prec C_1 \vee C_2$

G+3.3: $$A \wedge C_1 \prec C_2 \Rightarrow A \prec C_1 \rightarrow C_2$$

G+4.1: $$A \mathbin{\dot\wedge} B_1 \vee B_2 \mathbin{\dot\wedge} B_1 \prec C,\; A \mathbin{\dot\wedge} B_1 \vee B_2 \mathbin{\dot\wedge} B_2 \prec C \Rightarrow A \mathbin{\dot\wedge} B_1 \vee B_2 \prec C$$

G+4.2: $$A \mathbin{\dot\wedge} B_1 \rightarrow B_2 \prec B_1,\; A \mathbin{\dot\wedge} B_1 \rightarrow B_2 \mathbin{\dot\wedge} B_2 \prec C \Rightarrow A \mathbin{\dot\wedge} B_1 \rightarrow B_2 \prec C$$

Einige dieser Regeln, nämlich G+3.2 und G+4.2 sind nicht umkehrbar. Alle Regeln haben aber die Eigenschaft, daß jede Teilformel einer Prämisse auch Teilformel der Konklusion ist. Die Regeln zeigen außerdem sofort, daß jede Ableitung einer Implikation $A_1 \prec C$ durch Hinzufügen von A_2 im Implikans in eine Ableitung von $A_1 \wedge A_2 \prec C$ übergeht. Andererseits besteht eine Ableitung von $A \wedge B \wedge B \prec C$ nur aus Implikationen, in deren Implikans $B \wedge B$ auftritt. Wird überall $B \wedge B$ durch B ersetzt, so entsteht eine Ableitung von $A \wedge B \prec C$. Durch Induktion über alle Teilformeln der Formel C *(Teilformelinduktion)* ist die Ableitbarkeit der Implikation

$$A \wedge C \prec C$$

leicht zu beweisen. Wird z. B. $A \wedge C_1 \prec C_1$ und $A \wedge C_2 \prec C_2$ angenommen, so folgt

$$A \wedge C_1 \mathbin{\dot\wedge} C_1 \rightarrow C_2 \prec C_1$$

und $$A \wedge C_1 \mathbin{\dot\wedge} C_1 \rightarrow C_2 \mathbin{\dot\wedge} C_2 \prec C_2$$

also $$A \wedge C_1 \mathbin{\dot\wedge} C_1 \rightarrow C_2 \prec C_2$$

d. h. $$A \mathbin{\dot\wedge} C_1 \rightarrow C_2 \prec C_1 \rightarrow C_2 .$$

Durch Induktion über alle Prämissen einer Implikation in einer Ableitung *(Prämisseninduktion)* sind die folgenden Umkehrungen von G+3.1 und G+3.3 zu beweisen:

wenn $A \prec C_1 \wedge C_2$, dann $A \prec C_1$ und $A \prec C_2$,

wenn $A \prec C_1 \rightarrow C_2$, dann $A \wedge C_1 \prec C_2$.

Im zweiten Falle verläuft z. B. die Induktion folgendermaßen: Ist $A \prec C_1 \to C_2$ nach G+3.3 abgeleitet, so steht $A \wedge C_1 \prec C_2$ in der Ableitung. Ist $A \prec C_1 \to C_2$ nach G+4 abgeleitet, so stehen gewisse Implikationen $A_0 \prec C_1 \to C_2$ in der Ableitung. Nimmt man für diese an, daß auch $A_0 \wedge C_1 \prec C_2$ ableitbar ist, so folgt unmittelbar die Ableitbarkeit von $A \wedge C_1 \prec C_2$

Um die Zulässigkeit der Transitivitätsregel zu beweisen, zeigen wir durch eine Teilformelinduktion (bezüglich B) die Zulässigkeit von

(8.22) $$A \prec B \,,, B \wedge C \prec D \Rightarrow A \wedge C \prec D.$$

1. Für Primformeln b an Stelle von B ist

(8.23) $$A \prec b \,,, b \wedge C \prec D \Rightarrow A \wedge C \prec D$$

zu beweisen. Wir verwenden Prämisseninduktion bezüglich $b \wedge C \prec D$.

1.1. Ist $b \wedge C \prec D$ Grundimplikation, so ist D eine Primformel. Mit b statt D liefert $A \prec b$ allein $A \wedge C \prec D$. Andernfalls gilt $C \prec D$.

1.2. Ist $b \wedge C \prec D$ Konklusion einer Regel $G_{+}3$, z. B. für $D_1 \to D_2$ statt D mit der Prämisse $b \wedge C \wedge D_1 \prec D_2$, so liefert die Induktionsannahme $A \wedge C \wedge D_1 \prec D_2$, also $A \wedge C \prec D$.

Ist $b \wedge C \prec D$ Konklusion einer Regel $G_{+}4$, so liefert die Induktionsannahme ebenfalls unmittelbar $A \wedge C \prec D$.

Es sei nun (8.22) für alle echten Teilformeln B_0 von B (an Stelle von B) bewiesen. Um (8.22) selbst zu beweisen, verwenden wir wieder Prämisseninduktion bzgl. $B \wedge C \prec D$.

2.1. Ist $B \wedge C \prec D$ Grundimplikation, so ist D eine Primformel, die in B oder C als Konjunktionsglied vorkommt. In beiden Fällen folgt sofort $A \wedge C \prec D$.

2.2. Ist $B \wedge C \prec D$ Konklusion einer Regel $G_{+}3$, so ist wie unter 1.2 zu schließen. Ist $B \wedge C \prec D$ Konklusion einer Regel $G_{+}4$, so gilt dasselbe, es sei denn, (a) B ist $B_0 \wedge B_1 \to B_2$ mit den Prämissen $B \wedge C \prec B_1$ und

$B \wedge B_2 \wedge C \prec D$ oder (b) B ist $B_0 \dot{\wedge} B_1 \vee B_2$ mit den Prämissen $B \wedge B_1 \wedge C \prec D$ und $B \wedge B_2 \wedge C \prec D$.

Im Falle (a) folgt nach Induktionsannahme zunächst

$$A \wedge C \prec B_1 \text{ und } A \wedge B_2 \wedge C \prec D.$$

Aus $A \prec B_0 \dot{\wedge} B_1 \rightarrow B_2$ folgt aber $A \prec B_1 \rightarrow B_2$ und $A \wedge B_1 \prec B_2$. Die Verwendung von (8.22) für B_1 und B_2 ergibt daher $A \wedge A \wedge B_1 \wedge C \prec D$ und dann

$$A \wedge A \wedge A \wedge C \wedge C \prec D, \text{ d. h. } A \wedge C \prec D.$$

Im Falle (b) folgt nach Induktionsannahme zunächst die Ableitbarkeit von $A \wedge B_1 \wedge C \prec D$ und $A \wedge B_2 \wedge C \prec D$ Es bleibt also die Zulässigkeit von

$$(8.24) \qquad A \prec B_1 \vee B_2,, A \wedge B_1 \wedge C \prec D,, A \wedge B_2 \wedge C \prec D \Rightarrow A \wedge C \prec D$$

zu zeigen. Hierfür wird Prämisseninduktion bezüglich $A \prec B_1 \vee B_2$ verwendet.

2.2.1. Ist $A \prec B_1 \vee B_2$ nach $G_{+}3$ abgeleitet, so ist (8.22) für B_1 oder B_2 an Stelle von B anzuwenden.

2.2.2 Ist $A \prec B_1 \vee B_2$ nach $G_{+}4$ abgeleitet, z. B. für $A_1 \rightarrow A_2$ statt A mit den Prämissen $A \prec A_1$ und $A \wedge A_2 \prec B_1 \vee B_2$, so liefert die Induktionsannahme $A \wedge A_2 \wedge C \prec D$, woraus mit $A \prec A_1$ also $A \wedge C \prec D$ folgt.

Damit ist die *Zulässigkeit der Transitivitätsregel* bewiesen. Es ergibt sich daraus sofort, *daß eine Implikation im* BROUWER-Kalkül *genau dann ableitbar ist, wenn sie im affirmativen* GENTZEN-Kalkül *ableitbar ist.*

Über die Ableitbarkeit einer Implikation in der affirmativen Junktorenlogik läßt sich hiernach z. B. für

$$(8.25) \qquad a \rightarrow b \dot{\vee} b \rightarrow c \dot{\rightarrow} d \prec d \rightarrow c \dot{\rightarrow} d$$

folgendermaßen entscheiden.

Ist (8.25) ableitbar, so auch $D \prec d$ für D statt

$$a \rightarrow b \dot{\vee} b \rightarrow c \dot{\rightarrow} d \ddot{\wedge} d \rightarrow c.$$

$D \prec d$ hat nach G_+4 entweder die Prämissen

(a) $D \prec d$ und $D \wedge c \prec d$

oder (b) $D \prec a \to b \dot{\vee} b \to c$ und $D \wedge d \prec d$.

Der Fall (a) führt zu nichts Neuem. Für (b) ist $D \prec a \to b$ oder $D \prec b \to c$, d. h. $D \wedge a \prec b$ oder $D \wedge b \prec c$ zu untersuchen. Hierbei hat $D \wedge b \prec c$ als Prämissen (entsprechend zu Fall (a))

$$D \wedge b \prec d \text{ und } D \wedge b \wedge c \prec c.$$

Es genügt also, eine Ableitung für $D \wedge b \prec d$ zu suchen. Entsprechend zu (b) genügt eine Ableitung von $D \wedge b \prec a \to b$. $D \wedge b \wedge a \prec b$ ist aber Grundimplikation, $D \prec d$ ist also ableitbar.

Da die zu untersuchenden Implikationen in jedem Falle nur aus Teilformeln der vorgegebenen Implikation bestehen (und Wiederholungen zusammengezogen werden können), sind immer nur endlich viele Möglichkeiten zu untersuchen. Die Ableitbarkeit nach G_+1—G_+4 ist also stets entscheidbar.

Die PEIRCEsche *Implikation* der klassischen Logik

(8.26) $$a \to b \dot{\to} a \prec a$$

erweist sich so als nicht affirmativ-logisch. Eine Ableitung von (8.26) könnte nämlich nach G_+4 nur $a \to b \to a \prec a \to b$ und $a \to b \dot{\to} a \ddot{\wedge} a \prec a$ als Prämissen haben. Die erste Prämisse wäre nur dann ableitbar, wenn $a \to b \dot{\to} a \ddot{\wedge} a \prec b$ ableitbar wäre. Dies führt aber auf $a \to b \dot{\to} a \ddot{\wedge} a \wedge a \prec b$ usw. (8.26) ist also nicht ableitbar.

§ 9 Negation

Als Vorbereitung zur Einführung einer *Negation* für beliebige Kalküle wollen wir die Möglichkeit betrachten, Analoga zu den logischen Konstanten $\curlyvee$ und $\curlywedge$ einzuführen. In § 8 haben wir schon gesehen, daß man nach Übergang zu den Metakalkülen eine durch $\to$ bezeichnete Verknüpfung als eine *operative Subjunktion* zur Verfügung hat und daher $\curlyvee$ als $\mathfrak{A} \to \mathfrak{A}$ definieren kann.

Aber auch ohne Einbeziehung der Metakalküle kann man in einem Kalkül K leicht zur Auszeichnung von Figuren $\curlyvee$ und $\curlywedge$ kommen, für die die Regeln $\mathfrak{A} \to \curlyvee$ und $\curlywedge \to \mathfrak{A}$ zulässig sind. Ist nämlich $\mathfrak{C}$ eine ableitbare Figur des Kalküls K, so ist $\mathfrak{A} \to \mathfrak{C}$ ersichtlich für jede Figur $\mathfrak{A}$ zulässig. Also kann als $\curlyvee$ eine beliebige ableitbare Figur genommen werden. Ist andererseits $\mathfrak{C}$ eine unableitbare Figur, so ist $\mathfrak{C} \to \mathfrak{A}$ zulässig. Denn diese Regel kann in keiner Ableitung wirklich angewendet werden. Ihre Hinzufügung zu den Grundregeln ändert an der Ableitbarkeit einer Figur also nichts. Als $\curlywedge$ nehmen wir daher eine beliebige unableitbare Figur. Vorausgesetzt ist hier nur, daß der Kalkül mindestens eine ableitbare und mindestens eine unableitbare Figur hat. Für solche Kalküle lassen sich also $\curlyvee$ und $\curlywedge$ einführen, und wir können das Regelsystem Br 1—Br 10 des affirmativen Logikkalküls durch die Axiome

Br0:
$$A \prec \curlyvee$$
$$\curlywedge \prec A$$

ergänzen.

Für den affirmativen GENTZEN-Kalkül ist entsprechend nur

$$A \wedge \curlywedge \prec c$$

zu den Grundimplikationen G+1 hinzuzunehmen. Br0 folgt dann leicht durch Teilformelinduktion.

Die Einführung der Negation bereitet nun keinerlei Schwierigkeit für den Spezialfall der Kalküle, die mit primitiven sprachlichen Aussagen als ihren Figuren operieren.

Kalküle mit einem primitiven Regelsystem im Sinne von § 1 wollen wir kurz *primitive Kalküle* nennen. Auch die primitiven Kalküle lassen sich durch Konjunktion und Adjunktion erweitern, indem hinzugefügt wird:

$$a, b \rightarrow a \wedge b$$
$$a \rightarrow a \vee b$$
$$b \rightarrow a \vee b\,.$$

Die Besonderheit dieser Kalküle liegt darin, daß die primitiven Formeln paarweise auftreten: mit $s \varepsilon P$ stets auch $s \varepsilon' P$. Wir wollen die Aussagen eines solchen Paares *primitiv-komplementär* nennen.

Die faktische Konsistenz eines primitiven Kalküls ist keine formale Eigenschaft — genau so wenig wie die faktische Wahrheit einer primitiven Aussage. Ein Kalkül, in dem nur faktisch-wahre primitive Aussagen ableitbar sind, muß aber die formale Eigenschaft haben, daß für kein $\mathfrak{S}$ und $\mathfrak{P}$ gleichzeitig $\mathfrak{S} \varepsilon \mathfrak{P}$ und $\mathfrak{S} \varepsilon' \mathfrak{P}$ ableitbar sind. Der Kalkül heiße dann *primitiv-konsistent.* Diese Konsistenz bedeutet, daß nach Erweiterung mit $\wedge$ alle Aussagen der Form $s \varepsilon P \wedge s \varepsilon' P$ unableitbar sind.

Sie kann formuliert werden als die Zulässigkeit von

(9.1) $$s \varepsilon P \wedge s \varepsilon' P \rightarrow \curlywedge.$$

In einem faktisch-konsistenten Kalkül ist von jedem primitiv-komplementären Paar höchstens eine Aussage ableitbar. Ist von jedem primitiv-komplementären Paar, dessen Aussagen überhaupt als Formeln vorkommen, mindestens eine Aussage ableitbar, so heißt der Kalkül *primitiv-vollständig.* Diese Vollständigkeit kann so formuliert werden, daß nach Erweiterung mit $\vee$ die Regel

$$(9.2) \qquad \Upsilon \rightarrow s\,\varepsilon\,P \vee s\,\varepsilon'\,P$$

zulässig sein soll.

In diesen Regeln (9.1) und (9.2) haben wir eine Interpretation der schon bei ARISTOTELES auftretenden *logischen Prinzipien:*

(1) kein Prädikat kommt einem Gegenstand zu und nicht zu,

(2) jedes Prädikat kommt einem Gegenstand zu oder nicht zu (ein Drittes gibt es nicht).

Diese Prinzipien heißen traditionell (1) das *Prinzip vom ausgeschlossenen Widerspruch (principium contradictionis)* und (2) das *Prinzip vom ausgeschlossenen Dritten (tertium non datur).* Es ist darauf zu achten, daß diese Prinzipien in unserer Interpretation etwas über die Kopulae ε und ε', aber nichts über die in § 3 behandelte Negation aussagen.

Eine Negation, die nicht nur zu den primitiven, sondern zu jeder Aussage A eine weitere Aussage A' liefert, kann jedoch leicht definiert werden. Für primitive Aussagen setzen wir:

$$(9.3) \qquad \begin{aligned} (s\,\varepsilon\,P)' &\leftrightharpoons s\,\varepsilon'\,P \\ (s\,\varepsilon'\,P)' &\leftrightharpoons s\,\varepsilon\,P\,. \end{aligned}$$

Für *zusammengesetzte,* d. h. nicht-primitive, Aussagen setzen wir dann entsprechend zu den DE MORGANschen Regeln

$$(9.4) \qquad \begin{aligned} (\mathfrak{A} \wedge \mathfrak{B})' &\leftrightharpoons \mathfrak{A}' \vee \mathfrak{B}' \\ (\mathfrak{A} \vee \mathfrak{B})' &\leftrightharpoons \mathfrak{A}' \wedge \mathfrak{B}'. \end{aligned}$$

Wir wollen zeigen, daß für die so definierte Negation in jedem primitiven Kalkül K gilt:

$$(9.5) \qquad \begin{aligned} \mathfrak{A} \wedge \mathfrak{A}' &\prec \curlywedge \\ \Upsilon &\prec \mathfrak{A} \vee \mathfrak{A}' \end{aligned}$$

wobei wir $\prec$ statt $\prec_K$ schreiben.

Für primitive Aussagen ist (9.5) gleichbedeutend mit (9.1) und (9.2). Es sei nun $\mathfrak{A}$ zusammengesetzt, etwa $\mathfrak{A}_1 \wedge \mathfrak{A}_2$, und es sei (9.5) für $\mathfrak{A}_1$ und $\mathfrak{A}_2$ schon bewiesen. Dann ergeben sich

$$\mathfrak{A}_1 \wedge \mathfrak{A}_2 \wedge (\mathfrak{A}_1 \wedge \mathfrak{A}_2)' < \curlywedge\,,\ \curlyvee < \mathfrak{A}_1 \wedge \mathfrak{A}_2 \dot\vee (\mathfrak{A}_1 \wedge \mathfrak{A}_2)'$$

folgendermaßen:

$$\begin{aligned} \mathfrak{A}_1 \wedge \mathfrak{A}_2 \wedge (\mathfrak{A}_1 \wedge \mathfrak{A}_2)' &\asymp \mathfrak{A}_1 \wedge \mathfrak{A}_2 \dot\wedge \mathfrak{A}_1' \vee \mathfrak{A}_2' \\ &\asymp \mathfrak{A}_1 \wedge \mathfrak{A}_2 \wedge \mathfrak{A}_1' \dot\vee \mathfrak{A}_1 \wedge \mathfrak{A}_2 \wedge \mathfrak{A}_2' \\ &\asymp \mathfrak{A}_2 \wedge \curlywedge \dot\vee \mathfrak{A}_1 \wedge \curlywedge \\ &\asymp \curlywedge \end{aligned}$$

$$\begin{aligned} \mathfrak{A}_1 \wedge \mathfrak{A}_2 \dot\vee (\mathfrak{A}_1 \wedge \mathfrak{A}_2)' &\asymp \mathfrak{A}_1 \wedge \mathfrak{A}_2 \dot\vee \mathfrak{A}_1' \vee \mathfrak{A}_2' \\ &\asymp \mathfrak{A}_1 \vee \mathfrak{A}_1' \vee \mathfrak{A}_2' \dot\wedge \mathfrak{A}_2 \vee \mathfrak{A}_1' \vee \mathfrak{A}_2' \\ &\asymp \curlyvee \vee \mathfrak{A}_2' \dot\wedge \curlyvee \vee \mathfrak{A}_1' \\ &\asymp \curlyvee \end{aligned}$$

Ist $\mathfrak{A}$ mit $\vee$ zusammengesetzt, also $\mathfrak{A}_1 \vee \mathfrak{A}_2$, so folgt (9.5) entsprechend.

Nimmt man jetzt, nachdem eine Negation eingeführt ist, für die (9.5) gilt, die Subjunktion hinzu, so erhält man

(9.6) $$\mathfrak{A} \to \mathfrak{B} \asymp \mathfrak{A}' \vee \mathfrak{B}$$

Beweis für $>$:	1.	$\mathfrak{A} \wedge \mathfrak{A}' < \mathfrak{B}$	Br0 (9.5)
	2.	$\mathfrak{A}' < \mathfrak{A} \to \mathfrak{B}$	Br9
	3.	$\mathfrak{A} \wedge \mathfrak{B} < \mathfrak{A}$	Br3
	4.	$\mathfrak{B} < \mathfrak{A} \to \mathfrak{B}$	Br9
	5.	$\mathfrak{A}' \vee \mathfrak{B} < \mathfrak{A} \to \mathfrak{B}$	Br8

Beweis für $<$:	1.	$\mathfrak{A} \to \mathfrak{B} \dot\wedge \mathfrak{A}' < \mathfrak{A}' \vee \mathfrak{B}$	Br4, 6, 1
	2.	$\mathfrak{A} \to \mathfrak{B} < \mathfrak{A} \to \mathfrak{B}$	Br2
	3.	$\mathfrak{A} \to \mathfrak{B} \dot\wedge \mathfrak{A} < \mathfrak{B}$	Br10

4.	$\mathfrak{B} \prec \mathfrak{A}' \vee \mathfrak{B}$	Br7	
5.	$\mathfrak{A} \to \mathfrak{B} \dot\wedge \mathfrak{A} \prec \mathfrak{A}' \vee \mathfrak{B}$	Br1	
6.	$\mathfrak{A} \to \mathfrak{B} \dot\wedge \mathfrak{A} \vee \mathfrak{A}' \prec \mathfrak{A}' \vee \mathfrak{B}$	Br8	(8.20)
7.	$\mathfrak{A} \to \mathfrak{B} \prec \mathfrak{A}' \vee \mathfrak{B}$	Br0	(9.5)

In einem Kalkül, in dem zu jeder Figur $\mathfrak{A}$ ein *Komplement* $\mathfrak{A}'$ in dem Sinne vorhanden ist, daß (9.5) gilt, fällt demnach die operative Subjunktion mit der klassischen zusammen. Speziell folgt aus (9.6) wegen Br0

(9.7) $$\mathfrak{A} \to \curlywedge \asymp \mathfrak{A}'.$$

In einem beliebigen Kalkül, dessen Formeln also nicht primitive Aussagen zu sein brauchen, und der daher auch keine Negation auf Grund einer komplementären Paarung der primitiven Formeln zu besitzen braucht, legt (9.7) nahe, eine Negation durch

(9.8) $$\overline{\mathfrak{A}} \leftrightharpoons \mathfrak{A} \to \curlywedge$$

zu definieren. Diese Negation stimmt für primitive Kalküle dann mit $'$ überein. Wir verfolgen die Auswirkung der Definition (9.8) an dem Logikkalkül Br0 bis Br10, indem wir einige der wichtigsten Implikationen und Äquivalenzen ableiten.

Aus (9.8) folgen ohne Br0

(9.9) $$A \wedge \overline{A} \prec \curlywedge$$

(9.10) $$A \to C \dot\wedge A \to \overline{C} \prec \overline{A},$$

die zusammen natürlich auch die Definition ersetzen können, da aus ihnen wieder folgt:

(9.11) $$\overline{A} \asymp A \to \curlywedge.$$

Es ergibt sich ferner

(9.12) $$A \to B \prec \overline{B} \to \overline{A}$$

Beweis: $A \to B \dot\wedge B \to C \prec A \to C$

(9.13) $$A \rightarrow \bar{B} \asymp B \rightarrow \bar{A} \; (\asymp \overline{A \wedge B})$$

Beweis: $A \stackrel{.}{\rightarrow} B \rightarrow \curlywedge \asymp A \wedge B \rightarrow \curlywedge \asymp B \stackrel{.}{\rightarrow} A \rightarrow \curlywedge$

Von (9.12) ist dagegen die Umkehrung $\succ$ (die klassisch gültig ist) hier nicht beweisbar.

(9.14) $$A \prec \bar{\bar{A}}$$

Beweis: $$\bar{A} \rightarrow \bar{A} \asymp A \rightarrow \bar{\bar{A}}$$

Hier ist wieder die Umkehrung nicht beweisbar. Mit (9.12) folgt aber

(9.15) $$\bar{\bar{\bar{A}}} \asymp \bar{A}.$$

Für $\curlyvee$ und $\curlywedge$ gilt dagegen wie im klassischen Fall

$$\bar{\curlyvee} \asymp \curlywedge \text{ und } \bar{\curlywedge} \asymp \curlyvee$$

Beweis: Nach Br0 gilt $\bar{\curlywedge} \prec \curlyvee$ und $\curlywedge \prec \bar{\curlyvee}$. Aus dem Letzteren folgt $\curlyvee \prec \bar{\curlywedge}$. Das noch fehlende $\bar{\curlyvee} \prec \curlywedge$ folgt aus

$$\curlyvee \rightarrow A \prec A$$

Die DE MORGANschen Regeln gelten nur teilweise.

(9.16) $$\overline{A \vee B} \asymp \bar{A} \wedge \bar{B}$$

Beweis für $\prec$: $\curlyvee \prec A \rightarrow A \vee B \prec \overline{A \vee B} \rightarrow \bar{A}$

entsprechend $\curlyvee \prec \overline{A \vee B} \rightarrow \bar{B}$

Beweis für $\succ$: 1. $\bar{A} \wedge \bar{B} \wedge A \prec \curlywedge$

2. $\bar{A} \wedge \bar{B} \wedge B \prec \curlywedge$

3. $\bar{A} \wedge \bar{B} \;\dot{\wedge}\; A \vee B \prec \curlywedge$

4. $\bar{A} \wedge \bar{B} \prec \overline{A \vee B}$

(9.17) $$\bar{A} \vee \bar{B} \prec \overline{A \wedge B}$$

Beweis: $\curlyvee \prec A \wedge B \rightarrow A \prec \bar{A} \rightarrow \overline{A \wedge B}$

entsprechend $\curlyvee \prec \bar{B} \rightarrow \overline{A \wedge B}$

Von besonderem Interesse ist

(9.18) $$\overline{\overline{A \wedge B}} \asymp \bar{\bar{A}} \wedge \bar{\bar{B}}$$

Beweis für $\prec$: 1. $A \wedge B \prec A$

2. $\overline{A} \prec \overline{A \wedge B}$

3. $\overline{\overline{A \wedge B}} \prec \overline{\overline{A}}$, entsprechend $\prec \overline{\overline{B}}$

Beweis für $\succ$: 1. $A \wedge B \prec A \wedge B$

2. $A \wedge \overline{A \wedge B} \prec \overline{B}$

3. $\overline{\overline{B}} \wedge \overline{A \wedge B} \prec \overline{A}$

4. $\overline{\overline{A}} \wedge \overline{\overline{B}} \prec \overline{\overline{A \wedge B}}$

Statt der klassischen Äquivalenz $A \ulcorner B \asymp \overline{A} \vee B$ gilt hier

$$\overline{A \rightarrow B} \asymp \overline{\overline{A} \vee B} \quad (\asymp \overline{\overline{A}} \wedge \overline{B}) \tag{9.19}$$

Beweis für $\prec$: 1. $\overline{A} \prec A \rightarrow B$

2. $B \prec A \rightarrow B$

3. $\overline{A} \vee B \prec A \rightarrow B$

Beweis für $\succ$: 1. $A \rightarrow B \prec \overline{B} \rightarrow \overline{A}$

2. $\overline{B} \dot{\wedge} A \rightarrow B \prec \overline{A}$

3. $\overline{\overline{A}} \wedge \overline{B} \prec \overline{A \rightarrow B}$

Die letzte Zeile ergibt außerdem noch $\overline{\overline{A \rightarrow B}} \wedge \overline{\overline{A}} \prec \overline{\overline{B}}$, also zusammen mit $\overline{\overline{A}} \rightarrow \overline{\overline{B}} \dot{\wedge} \overline{\overline{A}} \wedge \overline{B} \prec \text{⅄}$ auch

$$\overline{\overline{A \rightarrow B}} \asymp \overline{\overline{A}} \rightarrow \overline{\overline{B}}. \tag{9.20}$$

Wir stehen damit vor dem zunächst bestürzenden Phänomen von zwei „Logiken". Aber natürlich ist die Situation nicht derart, daß man — logisch denkend — über dasselbe einander widersprechende Aussagen machen kann.

Vielmehr ist es so, daß die klassischen Implikationen — soweit wir bisher gesehen haben — nur für das Operieren mit Aussagen gelten, die aus primitiven Aussagen zusammengesetzt sind. Für diese ist auf

Grund ihrer faktischen Wahrheit oder Falschheit eine Negation ′ durch (9.3) und (9.4) definierbar, und es folgen daraus für die Subjunktion zusätzliche Implikationen.

Für das Operieren mit beliebigen Figuren eines Kalküls fallen diese zusätzlichen Implikationen weg. Wir haben gesehen, daß jede auf Grund von Br0 bis Br10 beweisbare Implikation eine allgemeinzulässige Regel, Metaregel, Metametaregel, ... liefert. Und zwar haben wir die Zulässigkeiten immer so bewiesen, daß angegeben wurde, wie sich die Verwendung einer als zulässig behaupteten Regel vermeiden läßt, wie man also effektiv die Ableitungen umzuformen hat. Wegen dieser Effektivität heiße die durch (9.11) erweiterte affirmative Logik *effektive Logik*.

Aus der effektiven Logik erhält man die klassische Logik, wenn das *tertium non datur*

(9.21) $$\curlyvee \prec A \vee \bar{A}$$

hinzugenommen wird. Statt dessen genügt auch das *Stabilitätsprinzip* (van Dantzig 1947)

(9.22) $$\bar{\bar{A}} \prec A,$$

denn dann folgt (9.21) aus $\curlyvee \prec \overline{\bar{A} \wedge \bar{\bar{A}}}$ mit (9.16).

Es ist festzuhalten, daß in unserer Interpretation die Junktoren nicht etwa verschiedene Bedeutungen haben. Für die Subjunktion haben wir allerdings zwei verschiedene Zeichen, weil wir in der effektiven Logik den zur Mitteilung von Regeln benötigten Pfeil → gleichzeitig für die Subjunktion verwenden konnten. Wir können von jetzt ab aber ⌐ stets durch → ersetzen. Sowohl in der klassischen als auch in der effektiven Logik können ja für Subjunktion und Adjunktion dieselben Axiome Br6 – Br10 gewählt werden.

Klassisch folgen aber aus diesen Axiomen die Äquivalenzen

$$A \vee B \asymp \overline{\overline{A} \wedge \overline{B}}$$

$$A \rightarrow B \asymp \overline{A} \vee B\,,$$

die effektiv nicht gelten.

Das Verhältnis der klassischen und effektiven Logik zueinander ist also dieses, daß jede Implikation, die effektiv gilt, auch klassisch gilt — aber nicht umgekehrt. Der Grund für dieses Verhältnis liegt darin, daß die klassischen Implikationen nur in speziellen Kalkülen gelten, z. B. in den primitiven Kalkülen.

Die formale Eigenart der primitiven Kalküle (abgesehen davon, daß ihre Formeln primitive Aussagen sind) liegt darin, daß es zu jeder primitiven Formel eine komplementäre Formel gibt. Die Gültigkeit der klassischen Logik ist aber nicht auf Kalküle dieser Eigenart beschränkt. Für die komplementären Aussagen folgt aus $\mathfrak{A} \wedge \mathfrak{A}' \asymp \curlywedge$ und $\mathfrak{A} \vee \mathfrak{A}' \asymp \curlyvee$ ja $\mathfrak{A}' \asymp \overline{\mathfrak{A}}$. Hierin ist $\overline{\mathfrak{A}}$ keine primitive Aussage mehr. Für die Gültigkeit der klassischen Logik genügt es, daß für jede primitive Figur $\mathfrak{a}$ des Kalküls $\curlyvee \rightarrow \mathfrak{a} \vee \overline{\mathfrak{a}}$ zulässig ist. Wie oben mit $'$ anstelle von $\overline{}$ folgt dann nämlich, daß $\curlyvee \prec \mathfrak{A} \vee \overline{\mathfrak{A}}$ auch für alle mit $\wedge$, $\vee$ und $\rightarrow$ zusammengesetzten Figuren gilt.

Die Zulässigkeit von $\curlyvee \rightarrow \mathfrak{a} \vee \overline{\mathfrak{a}}$, also die Gültigkeit des tertium non datur für die primitiven Kalkülfiguren, läßt sich genau dann beweisen, wenn man für jede solche Figur $\mathfrak{a}$ entweder die Ableitbarkeit oder die Unableitbarkeit beweisen kann. Ist $\mathfrak{a}$ nämlich ableitbar, so ist $\curlyvee \rightarrow \mathfrak{a}$ zulässig und daher auch $\curlyvee \rightarrow \mathfrak{a} \vee \mathfrak{a}$; ist andererseits $\mathfrak{a}$ unableitbar, so ist $\mathfrak{a} \rightarrow \curlywedge$ zulässig, also auch die Metaregel $\curlyvee \rightarrow \mathfrak{a} \vee \overline{\mathfrak{a}}$.

Für den Kalkül

$$\begin{aligned} &\rightarrow + \\ x &\rightarrow xo \\ x &\rightarrow +x+ \end{aligned}$$

trifft diese Bedingung z. B. zu. Wie man sich leicht überzeugen kann, ist eine Figur (die aus *o* und + zusammengesetzt ist) genau dann ableitbar, wenn die Anzahl der +-Atome ungerade ist und *o*-Atome nur rechts von dem mittleren +-Atom vorkommen. Man hat für diesen Kalkül also ein *Entscheidungsverfahren*, d. h. ein Verfahren, um über die Ableitbarkeit zu entscheiden. Auch für die Kalküle der Junktorenlogik haben wir Entscheidungsverfahren kennengelernt. Der hier auftretende Begriff eines Entscheidungsverfahrens ist auf verschiedene Weise präzisiert worden. Am einfachsten ist die Definition von POST 1944. Es hat sich herausgestellt, daß sie mit mehreren anderweitig vorgeschlagenen Definitionen gleichwertig ist. Man kann daher sagen, daß der durch sie festgelegte Begriff eines entscheidbaren Kalküls gegenwärtig allgemein anerkannt ist.

Nach POST wird zunächst definiert, was eine *aufzählbare* Klasse von Figuren ist. Die Figuren, die betrachtet werden sollen, seien zusammengesetzt aus vorgegebenen Atomen. Im allgemeinen werden endlich viele Atome vorgegeben sein; es würde jedoch auch nichts ausmachen, wenn — etwa in der Form 0, 0′, 0″, 0‴, ... — unendlich viele Atome vorgegeben sind Die Klasse der Atome heiße α. Die α-Figuren seien dann die aus den Atomen von α zusammengesetzten Figuren. In Analogie zu den natürlichen Sprachen kann man α ein *Alphabet* nennen.

Eine Klasse T von α-Figuren heißt nun *aufzählbar*, wenn es einen Kalkül (also ein endliches System von

Regeln der Form $\mathfrak{A}_1, \ldots, \mathfrak{A}_n \rightarrow \mathfrak{A}$) gibt, derart, daß eine a-Figur $\mathfrak{a}$ genau dann zu T gehört, wenn $\mathfrak{a}$ in dem Kalkül ableitbar ist. In dem Kalkül können außer a-Figuren durchaus noch andere Figuren ableitbar sein: es soll nur die Klasse der ableitbaren Figuren, die außerdem a-Figuren sind, gerade T sein. Zu jeder Klasse T von Figuren gehört ein kleinstes Alphabet a, so daß T aus lauter a-Figuren besteht: Man nehme für a alle die Atome, die in mindestens einer Figur von T vorkommen. Die obige Definition ist dann so zu verstehen, daß die Klasse T aufzählbar ist, wenn T eine aufzählbare Klasse von a-Figuren ist, wobei a das minimale Alphabet von T ist. Geht man von irgendeinem Kalkül aus, so ist die Klasse der in diesem Kalkül ableitbaren Figuren stets eine aufzählbare Klasse. Nach POST heißt ein Kalkül mit dem Alphabet a *entscheidbar, wenn auch die Klasse der unableitbaren a-Figuren aufzählbar ist.*

Zur Rechtfertigung dieser Definition ist zu bemerken, daß es für Kalküle, deren unableitbare Figuren aufzählbar sind, im folgenden Sinne ein Entscheidungsverfahren gibt. Man könnte eine *Rechenmaschine* so programmieren, daß sie auf einen Papierstreifen nacheinander alle ableitbaren Figuren aufdruckt und gleichzeitig auf einen anderen Papierstreifen nacheinander alle unableitbaren Figuren. Will man dann entscheiden, ob eine Figur $\mathfrak{a}$ ableitbar oder unableitbar ist, so bringe man zusätzlich eine Ablesevorrichtung an, die beide Papierstreifen kontrolliert und die die Maschine zum Halten bringt, sowie die Figur $\mathfrak{a}$ auf einem der beiden Streifen erschienen ist. Die Aussage, daß der Kalkül entscheidbar ist, ist dann damit gleichwertig, daß es eine solche Maschine gibt, die für jede Figur $\mathfrak{a}$ nach einer gewissen Zeit zum Halten kommen wird. Die erforderlichen Zeiten brauchen dabei nicht beschränkt zu sein. Die Entscheidbarkeit ist also nicht in dem engeren Sinne gemeint, daß für alle Figuren $\mathfrak{a}$ gleichmäßig dieselbe Zeitspanne ausreicht, um die Frage nach der Ableitbarkeit zu entscheiden. In diesem engeren Sinne einer *gleichmäßigen Entscheidbarkeit* ist z. B. noch nicht einmal der klassische Junktorenkalkül entscheidbar, weil die benötigte Zeit mit der Länge der zu entscheidenden Formel wächst.

Die Wichtigkeit der Unterscheidung zwischen klassischer und effektiver Logik wird auf Grund der dargestellten Zusammenhänge besonders unterstrichen durch die CHURCHsche Entdeckung *unentscheidbarer Kalküle.*

Zum Beweis (vgl. SMULLYAN 1956) gehen wir davon aus, daß man jeden Kalkül „übersetzen" kann in einen Kalkül mit einem Alphabet, das aus nur zwei Atomen, etwa 0 und 1 besteht. Sind nämlich 0, 0′, 0″,... die Atome eines Kalküls, so ersetze man 0 durch 1, 0′ durch 10, 0″ durch 100, usw. Jede aus 0, 0′, 0″, ... zusammengesetzte Figur erhält dadurch eine 0,1-Figur als Übersetzung, derart, daß verschiedene Figuren auch verschiedene Übersetzungen haben. Als Übersetzungen treten dabei nur mit 1 beginnende 0,1-Figuren auf, diese treten aber auch alle auf.

Da die auftretenden 0,1-Figuren gerade die Darstellungen der *Grundzahlen* im Dualsystem sind, hat man gleichzeitig eine *„Arithmetisierung"* der Kalküle.

Jeder Kalkül wird definiert durch sein Regelsystem. Schreiben wir die Regeln hintereinander auf, so hat das Regelsystem die Form

$$\mathfrak{A}_{11}, \mathfrak{A}_{12}, \ldots \rightarrow \mathfrak{A}_1; \quad \mathfrak{A}_{21}, \mathfrak{A}_{22}, \ldots \rightarrow \mathfrak{A}_2; \ldots ;$$
$$\mathfrak{A}_{n1}, \mathfrak{A}_{n2}, \ldots \rightarrow \mathfrak{A}_n ,$$

wobei die $\mathfrak{A}$ Formeln sind, die aus 0,1 und den Variablen, etwa x, x′ x″, ... bestehen. Benutzen wir x, x0, x00, ... als Variable, so wird das Regelsystem insgesamt eine Figur, die aus den Atomen 0, 1, x, , , →

und; zusammengesetzt ist. Ersetzen wir diese sechs Atome noch einmal durch 1, 10, 100, 1000, 10 000 und 100 000, so wird das Regelsystem insgesamt eine 0,1-Figur. Diese Figur wollen wir die *Basis* des Kalküls nennen.

Die Klasse aller Basen von 0,1-Kalkülen ist, wenn auch etwas umständlich, aufzählbar. Ebenso ist für jede Basis $\mathfrak{B}$ die Klasse der in dem zugehörigen Kalkül ableitbaren Figuren $\mathfrak{A}$ — wir schreiben dann $\vdash_{\mathfrak{B}} \mathfrak{A}$ — aufzählbar. Es läßt sich dann leicht zeigen, daß auch die Klasse der Basen $\mathfrak{B}$, für die $\vdash_{\mathfrak{B}} \mathfrak{B}$ gilt, aufzählbar ist. Wir nennen solche Basen kurz *„autonom"* und die nicht-autonomen Basen *„heteronom"*. Selbstverständlich gibt es autonome Basen, z. B. ist die Basis des Kalküls, der alle Basen aufzählt, autonom. Daß die Klasse der autonomen Basen aufzählbar ist, bedeutet, daß es einen Kalkül gibt, der genau alle autonomen Basen aufzählt.

Dieser Kalkül der autonomen Basen ist unentscheidbar. Wäre nämlich die Klasse der 0,1-Figuren, die keine autonomen Basen sind, aufzählbar, so wäre (da ja die Klasse aller Basen aufzählbar ist) auch die Klasse der heteronomen Basen aufzählbar. Aber dies läßt sich dadurch widerlegen, daß man zeigt, daß keine aufzählbare Klasse von heteronomen Basen *alle* heteronomen Basen enthält.

In der Tat: ist $\mathfrak{B}$ eine Basis eines Kalküls, der nur heteronome Basen aufzählt, so ist $\mathfrak{B}$ heteronom. Denn die Annahme, $\mathfrak{B}$ wäre autonom, würde zu dem Widerspruch führen, daß $\mathfrak{B}$ zugleich auch heteronom sein müßte. Ein Kalkül, der nur heteronome Basen aufzählt, zählt also nicht alle heteronomen Basen auf, nämlich z. B. seine eigene Basis nicht (sonst wäre diese ja autonom).

Dieser Beweis erinnert an die RUSSELLsche *Paradoxie* in der „intensionalen" Formulierung. Ein Begriff heiße *„heterologisch"*, wenn er nicht sich selbst zukommt. Nimmt man nun an, es gäbe einen Begriff (mit dem Namen „heterologisch"), der allen heterologischen Begriffen — und nur diesen — zukommt, so entsteht ein Widerspruch. An Stelle des Zukommens tritt im obigen Beweis die Ableitbarkeit. Hier wird niemand meinen, es müsse eine Basis geben, aus der genau alle heteronomen Basen ableitbar sind. Unkritischer Umgang mit Begriffen führt dagegen anscheinend zwangsläufig zu der Meinung, es müsse einen Begriff geben, der genau allen heterologischen Begriffen zukommt (oder in extensionaler Formulierung: es müsse eine Menge geben, die genau alle Mengen, die sich nicht selbst enthalten, enthält). Nur diese irrige Meinung aber führt zu der Paradoxie. Der obige Beweis dagegen — wie auch das *Diagonalverfahren* von CANTOR 1874, das denselben Schluß benutzt — ist natürlich paradoxienfrei. Es handelt sich dabei, wie hier vorweggenommen sei, um eine Anwendung der quantorenlogischen Formel

$$\neg \bigvee_x \bigwedge_y . \, a(x, y) \longleftrightarrow \neg \, a(y, y).$$

Die damit bewiesene Existenz unentscheidbarer Kalküle läßt die Frage entstehen, ob für beliebige Kalküle nur den Resultaten, die mit der effektiven Logik gewonnen sind, eine Bedeutung zukommt oder ob sich nicht trotzdem stets der Gebrauch der klassischen Logik rechtfertigen läßt. Z. B. weiß man ja, daß die unkritische Verwendung der klassischen Logik, die von der Berechtigung einer effektiven Logik nichts wußte (oder noch immer nichts wissen will), jedenfalls nie zu einem Widerspruch geführt hat. Dieser Tatbestand läßt sich — soweit er die Junktorenlogik betrifft — hier leicht aufklären. Sind

$$\begin{array}{c} \mathfrak{A}_{11}, \mathfrak{A}_{12}, \ldots \rightarrow \mathfrak{A}_1 \\ \mathfrak{A}_{21}, \mathfrak{A}_{22}, \ldots \rightarrow \mathfrak{A}_2 \\ \vdots \end{array}$$

die Regeln eines Kalküls und folgt nach der klassischen Logik aus diesen Regeln eine Formel $\mathfrak{C}$, die aus den Primformeln allein mit Konjunktion und Negation gebildet ist (zu einer solchen Formel läßt sich jede Formel klassisch äquivalent umformen), dann folgt effektiv $\overline{\overline{\mathfrak{C}}}$. Aus den Regeln folgen nämlich wegen $\mathfrak{B} \prec \overline{\overline{\mathfrak{B}}}$ zusammen mit (9.18) und (9.20) effektiv die Subjunktionen

$$\overline{\overline{\mathfrak{A}}}_{11} \wedge \overline{\overline{\mathfrak{A}}}_{12} \wedge \ldots \rightarrow \overline{\overline{\mathfrak{A}}}_{1}$$
$$\overline{\overline{\mathfrak{A}}}_{21} \wedge \overline{\overline{\mathfrak{A}}}_{22} \wedge \ldots \rightarrow \overline{\overline{\mathfrak{A}}}_{2}$$
$$\vdots$$

Die doppelt negierten Primformeln, die hier auftreten, sind stabil, d. h. für sie gilt (9.22) effektiv. Die Stabilität überträgt sich dann wegen (9.15) und (9.18) auf alle mit $\wedge$, $\overline{}$ zusammengesetzten Formeln. Der klassische Beweis geht daher bei der Ersetzung jeder Primformel $\mathfrak{A}$ durch $\overline{\overline{\mathfrak{A}}}$ in einen effektiven Beweis von $\overline{\overline{\mathfrak{C}}}$ über.
Wäre insbesondere klassisch ein Widerspruch $\mathfrak{A} \wedge \overline{\mathfrak{A}}$ ableitbar, so folgte auch effektiv ein Widerspruch, nämlich $\overline{\overline{\mathfrak{A}}} \wedge \overline{\mathfrak{A}}$, das ja zu $\overline{\overline{\mathfrak{A} \wedge \overline{\mathfrak{A}}}}$ effektiv äquivalent ist. Effektiv kann aber nach unserer Begründung der logischen Regeln als allgemeinzulässiger Regeln kein Widerspruch $\mathfrak{B} \wedge \overline{\mathfrak{B}}$ ableitbar sein. Denn das hieße ja, daß $\mathfrak{B}$ ableitbar wäre und $\mathfrak{B} \rightarrow \curlywedge$ zulässig, also $\curlywedge$ ableitbar wäre.

Die wegen ihrer Symmetrie bequeme klassische Logik kann also auch für unentscheidbare Kalküle als *Fiktion* benutzt werden. Die erhaltenen Resultate muß man nur so interpretieren, daß erst $\mathfrak{A} \vee \mathfrak{B}$ bzw. $\mathfrak{A} \rightarrow \mathfrak{B}$ überall durch $\overline{\overline{\overline{\mathfrak{A}} \wedge \overline{\mathfrak{B}}}}$ bzw. $\overline{\overline{\mathfrak{A} \wedge \overline{\mathfrak{B}}}}$ ersetzt werden und das Ergebnis dann noch zweimal negiert wird.

V. Logik der Quantoren

§ 10 Einsquantor und Allquantor

Die in der *Syllogistik* auftretenden Aussagen der Form „alle P sind Q" oder „einige P sind Q" sind weder primitive Aussagen noch sind sie aus primitiven Aussagen mit Hilfe der Junktoren zusammengesetzt. In der *Antike* und in der *Scholastik* hat man diese Aussagen der Syllogistik aber immer als unzusammengesetzt behandelt, weil zur Zusammensetzung nur die Junktoren in Betracht gezogen wurden. Erst die moderne Logik hat seit FREGE und PEIRCE die Möglichkeit erkannt, auch die Aussagen der Syllogistik als zusammengesetzt aufzufassen — und zwar als aus den bisherigen primitiven Aussagen zusammengesetzt derart, daß die Zusammensetzung nicht allein mit Hilfe der Junktoren vorgenommen wird, sondern auch noch die logischen Partikeln „alle" und „einige" benutzt werden. Wir behandeln zunächst die partikulare Aussage: „einige $\mathfrak{P}$ sind $\mathfrak{Q}$." Abweichend von der in § 2 zu Grunde gelegten Auffassung kann man zur Interpretation von der Aussageform $s \varepsilon \mathfrak{P} \wedge s \varepsilon \mathfrak{Q}$ ausgehen. Ist $\mathfrak{S} \varepsilon \mathfrak{P} \wedge \mathfrak{S} \varepsilon \mathfrak{Q}$ für mindestens ein Subjekt $\mathfrak{S}$ wahr, dann soll die Aussage: „einige $\mathfrak{P}$ sind $\mathfrak{Q}$" wahr sein — und auch nur dann. Die Wahrheit der partikularen Aussage bedeutet dann also, daß von den Aussagen, die aus $s \varepsilon \mathfrak{P} \wedge s \varepsilon \mathfrak{Q}$ bei Ersetzung der Subjektvariablen s durch ein Subjekt entstehen, mindestens eine wahr ist. Kämen für die Ersetzung nur endlich viele Subjekte $\mathfrak{S}_1, \mathfrak{S}_2, \ldots$ in Frage, so ließe sich demnach „einige P sind Q" durch die Adjunktion

$$\mathfrak{S}_1 \varepsilon P \wedge \mathfrak{S}_1 \varepsilon Q \vee \mathfrak{S}_2 \varepsilon P \wedge \mathfrak{S}_2 \varepsilon Q \vee \ldots \vee \mathfrak{S}_n \varepsilon P \wedge \mathfrak{S}_n \varepsilon Q$$

wiedergeben.

Da aber i. a. unendlich viele Subjekte zur Ersetzung in Betracht kommen, haben wir es bei der partikularen Aussage mit etwas Neuem zu tun. Man könnte die partikulare Aussage eine „unendliche Adjunktion" nennen.

Genau wie man in der Mathematik für unendliche Summen

$$f(1) + f(2) + f(3) + \ldots + f(n) + \ldots\ldots$$

einen neuen Operator Σ_n verwendet, wollen wir auch für eine unendliche Adjunktion über alle Subjekte einen neuen Operator $\bigvee_s$ einführen. Das Zeichen $\bigvee$ ist dabei nichts als ein großes $\vee$ und erinnert an den Zusammenhang der *Partikularisierung* mit der Adjunktion.

Die partikulare Aussage „einige P sind Q" ist hiernach zu symbolisieren durch $\bigvee_s (s \varepsilon P \wedge s \varepsilon Q)$.

Das Zeichen $\bigvee_s$ heißt, weil es die Quantität der Aussage bestimmt, ein *Quantifikator* oder nach HILBERT — in allerdings sehr gewaltsamer Verkürzung — *Quantor.*

Nach PEANO schreibt man $\exists x$ statt $\bigvee_x$, nach HILBERT $(E\, x)$.

Bei den Quantoren werden wir wie bei der Negation an Stelle der Klammern zur Kennzeichnung des Wirkungsbereiches wieder Punkte verwenden, also z. B. $\bigvee_s .\, s \varepsilon P \wedge s \varepsilon Q ..$ Folgt kein Punkt unmittelbar hinter dem Quantor, so soll der Wirkungsbereich der kürzestmögliche sein. Z. B. bedeutet $\bigvee_s s \varepsilon P \wedge s \varepsilon Q$ die Konjunktion von $\bigvee_s s \varepsilon P$ und $s \varepsilon Q$.

Haben wir — jetzt auch außerhalb der Syllogistik — irgendeine Formel $\mathfrak{A}(x)$, in der eine Variable x vorkommt, so symbolisieren wir „$\mathfrak{A}(x)$ für (mindestens) ein x" durch die Formel $\bigvee_x \mathfrak{A}(x)$. Enthält $\mathfrak{A}(x)$ außer x keine Variable, so enthält $\bigvee_x \mathfrak{A}(x)$ keine Variable mehr, für die Konstanten eingesetzt werden können. Während man die Variable x in $\mathfrak{A}(x)$ eine *freie Variable* nennt, (weil sie für Ersetzungen durch Konstante frei ist), nennt man die Variable x in $\bigvee_x \mathfrak{A}(x)$ *gebunden*. Eine gebundene Variable kann nicht durch Konstanten ersetzt werden, ohne daß die entstehende Formel sinnlos wird.

Quantoren können stets verwendet werden, wenn Aussageformen vorliegen, wenn also irgendwelche Variablen in den Formeln auftreten. Es ist üblich, eine Aussage $\mathfrak{A}(\mathfrak{x})$, in der eine *Konstante* $\mathfrak{x}$ als Eigenname für ein Objekt vorkommt, als eine Aussage „über $\mathfrak{x}$" aufzufassen und demgemäß das Zeichen $\mathfrak{x}$ als Subjekt anzusehen, das zusammen mit einem Prädikat die Aussage $\mathfrak{A}(\mathfrak{x})$ bildet. Aus der Form $s\,\varepsilon\,P$ einer primitiven Aussage kann man aber ebenso gut $\bigvee_s s\,\varepsilon\,P$ wie auch $\bigvee_P s\,\varepsilon\,P$ bilden. Die Quantifizierung zeichnet die Subjekte nicht vor den Prädikaten aus. Zudem ist die Quantifizierung nicht daran gebunden, daß die zu quantifizierenden Formeln aus einer natürlichen Sprache entnommen sind. Wir verwenden deshalb auch den Terminus *„Objekt"* statt *„Gegenstand"*. Auch wenn man einen Kalkül betrachtet — seine Figuren seien etwa aus + und o zusammengesetzt — und wenn x etwa eine Variable für die +-Figuren (die allein aus + zusammengesetzt sind) ist, so kann man den Kalkül durch eine Regel erweitern, nach der man von jeder Figur $\mathfrak{A}(\mathfrak{x})$ aus, in der eine +-Figur $\mathfrak{x}$ vorkommt, die neue Figur $\bigvee_x \mathfrak{A}(x)$ herstellen darf. Diese Regel lautet:

$$\mathfrak{A}(\mathfrak{x}) \rightarrow \bigvee_x \mathfrak{A}(x) .$$

Sie gibt genau den Sinn des „für (mindestens) ein x" wieder. Hier ist aber ersichtlich keine Rede von Prädikaten. Daher erscheint der meistgebrauchte Name *„Prädikatenlogik"* für die *Logik der Quantoren* (bei QUINE 1951: logic of quantification) unangebracht — sachlich wird unsere Darstellung der *Quantorenlogik* aber genau das enthalten, was sonst unter dem Titel *„elementare Prädikatenlogik"* abgehandelt wird. Die sog. *„höhere Prädikatenlogik"*, die tatsächlich nichts anderes als eine axiomatische *Mengenlehre* ist, wird dagegen hier — als nicht zur formalen Logik gehörig — nicht berücksichtigt.

Es liegt nahe, die obige Regel für den Quantor $\vee_x$ mit einer freien Variablen y an Stelle von $\mathfrak{x}$ zu schreiben:

$$\mathfrak{A}(y) \to \vee_x \mathfrak{A}(x).$$

Hierzu ist jedoch in bezug auf die freie Variable y eine Einschränkung zu machen. Es könnte ja sein, daß in der Formel *A* (x) die Variable y schon gebunden vorkommt. Dann ist Vorsicht vonnöten. Z. B. ist die Reihe $\Sigma_n \frac{1}{n}$ divergent, also auch die Reihe $\Sigma_n \frac{n}{n^2}$. $\Sigma_n \frac{x}{n^2}$ ist dagegen für jedes x konvergent. Also kann aus (1) „$\Sigma_n \frac{n}{n^2}$ ist divergent", nicht auf (2) „$\Sigma_n \frac{x}{n^2}$ ist divergent für ein x" geschlossen werden. Wir wollen sagen, daß x in $\Sigma_n \frac{x}{n^2}$ nicht *frei für n* ist (obwohl hier natürlich x frei ist).

In einer Formel $\mathfrak{A}$ (x) heiße allgemein x *frei für* y, wenn die für x eingesetzten y in $\mathfrak{A}$ (y) nicht gebunden vorkommen. Die obige Regel muß mit dieser Definition so eingeschränkt werden, daß x in $\mathfrak{A}$ (x) frei für y sein soll.

(10.1) $\mathfrak{A}(y) \rightarrow \bigvee_x \mathfrak{A}(x)$ (x frei für y in $\mathfrak{A}$ (x))

Der Gebrauch der runden Klammern ist dabei folgendermaßen zu verstehen. Soll in einer Formel $\mathfrak{A}$ z. B. die Variable x überall dort, wo sie frei vorkommt, durch y ersetzt werden, so wird statt $\mathfrak{A}$ zunächst $\mathfrak{A}$ (x) geschrieben und das Ersetzungsresultat dann durch $\mathfrak{A}$ (y) mitgeteilt. Dies ist meist zweckmäßiger, als wenn ein eigener *Substitutionsoperator* $\sigma \ldots [\,]$ eingeführt wird, mit dem man dies Ersetzungsresultat etwa durch $\sigma_x \mathfrak{A}[y]$ mitteilen könnte. Es ist nur zu beachten, daß dann, wenn man $\sigma_x \mathfrak{A}[y]$ durch $\mathfrak{B}$ (y) mitteilt, $\mathfrak{B}$ (x) von $\mathfrak{A}$ verschieden sein kann: $\sigma_y \sigma_x \mathfrak{A}[y][x]$ braucht nicht gleich $\mathfrak{A}$ zu sein.

In (10.1) muß man also wissen, daß $\mathfrak{A}$ (x) die Ausgangsformel ist und $\mathfrak{A}$ (y) das Ersetzungsresultat. Ginge man von $\mathfrak{A}$ (y) aus, so wäre in $\mathfrak{A}$ (x) von selbst x frei für y, es brauchte aber $\mathfrak{A}$ (y) nicht mit $\sigma_x \mathfrak{A}(x)[y]$ übereinzustimmen. Eine unmißverständliche Formulierung von (10.1) ist daher

$$\sigma_x \mathfrak{A}[y] \rightarrow \bigvee_x \mathfrak{A} \qquad \text{(x frei für y in } \mathfrak{A}\text{)}.$$

Wir bleiben aber bei der suggestiveren Notation (10.1).

Steht die Variable y nur für endlich viele Objekte $\mathfrak{x}_1, \ldots, \mathfrak{x}_n$, so liefert die Regel (10.1) *n* Fälle:

$$\mathfrak{A}(\mathfrak{x}_\nu) \rightarrow \bigvee_x \mathfrak{A}(x) \qquad (\nu = 1, \ldots, n).$$

Diese Regeln folgen aus den Regeln der Adjunktion $\vee$, wenn $\bigvee_x \mathfrak{A}(x)$ durch $\mathfrak{A}(\mathfrak{x}_1) \vee \ldots \vee \mathfrak{A}(\mathfrak{x}_n)$ ersetzt wird.

Für den endlichen Fall tritt an die Stelle der Zulässigkeit von

$$\mathfrak{A} \rightarrow \mathfrak{C};\ \mathfrak{B} \rightarrow \mathfrak{C} \vdash \mathfrak{A} \vee \mathfrak{B} \rightarrow \mathfrak{C}$$

die folgende

$$\mathfrak{A}(\mathfrak{x}_1) \rightarrow \mathfrak{C};\ \mathfrak{A}(\mathfrak{x}_2) \rightarrow \mathfrak{C};\ \ldots \vdash \bigvee_x \mathfrak{A}(x) \rightarrow \mathfrak{C}$$

Dieses Resultat kann man so formulieren: wenn die Regel $\mathfrak{A}(y) \to \mathfrak{C}$ zulässig ist (x frei für y in $\mathfrak{A}(x)$), dann ist auch die Regel $\bigvee_x \mathfrak{A}(x) \to \mathfrak{C}$ zulässig.

Hierbei ist zusätzlich angenommen, daß die Variable y in $\bigvee_x \mathfrak{A}(x) \to \mathfrak{C}$ nicht frei vorkommt. Käme y nämlich frei vor, so lieferte die Regel $\mathfrak{A}(y) \to \mathfrak{C}$ als Spezialisierungen nicht die Regeln $\mathfrak{A}(\mathfrak{x}_1) \to \mathfrak{C}$; $\mathfrak{A}(\mathfrak{x}_2) \to \mathfrak{C}$; .... Nur unter der Bedingung, daß y in $\bigvee_x \mathfrak{A}(x) \to \mathfrak{C}$ nicht frei vorkommt, kann von der Zulässigkeit von $\mathfrak{A}(y) \to \mathfrak{C}$ auf die Zulässigkeit von $\bigvee_x \mathfrak{A}(x) \to \mathfrak{C}$ geschlossen werden. Diese Metaregel ist auch bei Variablen für unendlich viele Objekte leicht als allgemeinzulässig zu erkennen. Werden nämlich zu einem beliebigen Kalkül die Quantoren $\bigvee_x, \bigvee_y, \ldots$ durch (10.1) hinzugenommen und ist die Regel

(10.2) $\mathfrak{A}(y) \to \mathfrak{C}$ (x frei für y in $\mathfrak{A}(x)$)

zulässig, dann ist auch die Regel

(10.3) $\bigvee_x \mathfrak{A}(x) \to \mathfrak{C}$

zulässig, falls in ihr y nicht frei vorkommt. Denn eine Ableitung im Kalkül kann von (10.3) nur dann Gebrauch machen, wenn vorher $\bigvee_x \mathfrak{A}(x)$ abgeleitet ist, wenn also — da Figuren mit einem Quantor $\bigvee_x$ nur durch (10.1) erreichbar sind — noch vorher $\mathfrak{A}(\mathfrak{x})$ für eine Konstante $\mathfrak{x}$ abgeleitet ist. Nach (10.2) kann man aber von jedem $\mathfrak{A}(\mathfrak{x})$ sofort zu $\mathfrak{C}$ übergehen.

Die damit bewiesene Metaregel darf nicht als

$$\mathfrak{A}(y) \to \mathfrak{C} \vdash \bigvee_x \mathfrak{A}(x) \to \mathfrak{C}$$

angeschrieben werden, weil diese Formulierung so verstanden werden könnte, daß sie nach jeder Ersetzung von y durch eine Konstante noch Gültigkeit haben sollte. Wie der eben geführte Beweis zeigt, kann man die Zulässigkeit von $\bigvee_x \mathfrak{A}(x) \to \mathfrak{C}$ aber nur dann erschließen, wenn die allgemeine Regel $\mathfrak{A}(y) \to \mathfrak{C}$ mit einer Variablen y als zulässig vorausgesetzt wird. Es darf also auch für die obige Zulässigkeit im Metakalkül die Variable y von $\mathfrak{A}(y) \to \mathfrak{C}$ nicht als freie Variable aufgefaßt werden. Wir bringen die erforderliche Bindung (nach dem Muster der Bezeichnung von PEANO) durch Wiederholung der Variablen rechts unten am Pfeil zum Ausdruck und schreiben also

(10.4) $$\mathfrak{A}(y) \to_y \mathfrak{C} \vdash \bigvee_x \mathfrak{A}(x) \to \mathfrak{C}.$$

Dies ist so zu verstehen, daß hierdurch die Zulässigkeit von $\bigvee_x \mathfrak{A}(x) \to \mathfrak{C}$ behauptet wird, wenn die Regel $\mathfrak{A}(y) \to \mathfrak{C}$ (in der y nicht durch eine Konstante ersetzt ist) zulässig ist. Die Zulässigkeit einer Regel $\mathfrak{A}(y) \to \mathfrak{C}$ mit einer Variablen y bedeutet aber natürlich soviel wie die Zulässigkeit der Übergänge von $\mathfrak{A}(\mathfrak{x})$ zu $\mathfrak{C}$ *für jedes* $\mathfrak{x}$. Die neu eingeführte Bindung der Variablen y durch $\to_y$ kann also sprachlich durch die Hinzufügung von „für jedes y" oder „für alle y" wiedergegeben werden.

Wir werden dadurch dazu geführt, neben dem bisherigen Quantor $\bigvee_x$, der durch „für ein x" zu übersetzen war, einen weiteren Quantor zur Symbolisierung von „für alle x" in Betracht zu ziehen. Wir sind dieser neuen Variablenbindung hier zunächst auf der Metastufe (nämlich angewandt auf Regeln statt Formeln) begegnet. Im folgenden soll die neue Quantifizierung auf der Objektstufe behandelt werden. Für die Formeln $\mathfrak{A}(x)$ wollen wir also neben dem Quantor $\bigvee_x$ — den wir jetzt zur Unterscheidung einen *„Einsquantor"* nennen wollen — einen weiteren Quantor, den *„Allquantor"*, einführen. Wir gehen wieder von einer Variablen x für nur endlich viele Objekte $\mathfrak{x}_1, \mathfrak{x}_2, \ldots, \mathfrak{x}_n$ aus. Die Behauptung, daß $\mathfrak{A}(x)$ für alle x gilt, bedeutet dann, daß $\mathfrak{A}(\mathfrak{x}_1) \wedge \ldots \wedge \mathfrak{A}(\mathfrak{x}_n)$ gilt. Wir schreiben für diese Konjunktion $\bigwedge_x \mathfrak{A}(x)$ mit dem Allquantor $\bigwedge_x$, dessen Gestalt an $\wedge$ erinnern soll. PEANO schrieb (x), GENTZEN $\forall x$ statt $\bigwedge_x$.

Aus den für die Konjunktion gültigen Zulässigkeiten folgt jetzt — immer bei nur endlich vielen Konstanten — falls x frei für y in $\mathfrak{A}(x)$

(10.5) $\vdash \bigwedge_x \mathfrak{A}(x) \rightarrow \mathfrak{A}(y)$

$\mathfrak{C} \rightarrow_y \mathfrak{A}(y) \vdash \mathfrak{C} \rightarrow \bigwedge_x \mathfrak{A}(x)$ (y nicht frei in $\mathfrak{C} \rightarrow \bigwedge_x \mathfrak{A}(x)$)

Ist x eine Variable für unendlich viele Objekte, so kann man einen Kalkül, in dem Formeln $\mathfrak{A}(\mathfrak{x})$ auftreten, nicht — wie durch (10.1) beim Einsquantor — durch eine Regel zur Einführung von $\bigwedge_x$ erweitern. Die Regel

$$a, b \rightarrow a \wedge b,$$

die wir zur Einführung von $\wedge$ verwendet haben, läßt sich nicht verallgemeinern, da eine Regel nur endlich viele Prämissen haben kann. Es ist erforderlich, an Stelle einer Regel jetzt eine Metaregel zu verwenden. Mit $\curlyvee$ als einer ableitbaren Figur erweitere man den Kalkül durch

(10.6) $\curlyvee \rightarrow_y \mathfrak{A}(y) \dot{\rightarrow} \bigwedge_x \mathfrak{A}(x).$

Diese Metaregel bedeutet, daß die Figur $\bigwedge_x \mathfrak{A}(x)$ dann (und nur dann) in einem Kalkül abzuleiten ist, wenn vorher die Zulässigkeit der Regel $\curlyvee \rightarrow_y \mathfrak{A}(y)$ bewiesen ist. Ein Kalkül, der durch (10.6) erweitert ist, ist also nur noch in einem uneigentlichen Sinne ein Kalkül: für die zulässigen Regeln gibt es ja kein

Ableitungsverfahren wie für die ableitbaren Formeln. Ebenso wie in der effektiven Logik die Implikation $\rightarrow$ nur durch Metabetrachtungen eingeführt werden kann, so ist es hier mit der *Generalisation* (d. h. der Quantifizierung mit $\bigwedge_x$). Die dialogische Interpretation (vgl. Anhang) vermeidet dagegen solche Metabetrachtungen.

Die Zulässigkeiten (10.5) sind für beliebige Kalküle leicht als gültig zu erkennen. Ist $\curlyvee \rightarrow_y \mathfrak{A}(y)$ zulässig, so ist $\mathfrak{A}(\mathfrak{x})$ für jedes $\mathfrak{x}$ ableitbar, d. h. $\bigwedge_x \mathfrak{A}(x) \rightarrow \mathfrak{A}(\mathfrak{x})$ ist zulässig für jedes $\mathfrak{x}$ — und statt $\mathfrak{x}$ kann daher auch eine Variable y geschrieben werden, wenn x frei für y ist. Ist $\mathfrak{C} \rightarrow_y \mathfrak{A}(y)$ zulässig, so auch $\mathfrak{C} \rightarrow \bigwedge_x \mathfrak{A}(x)$, falls y hier nicht frei vorkommt. Um nämlich die Regel $\mathfrak{C} \rightarrow \bigwedge_x \mathfrak{A}(x)$ in einer Ableitung zu verwenden, muß vorher $\mathfrak{C}$ abgeleitet sein. Nach der Regel $\mathfrak{C} \rightarrow_y \mathfrak{A}(y)$ kann man dann $\mathfrak{A}(\mathfrak{x})$ für jedes $\mathfrak{x}$ ableiten (weil y nicht frei in $\mathfrak{C} \rightarrow \bigwedge_x \mathfrak{A}(x)$ vorkommt, ändert sich die Formel $\mathfrak{C}$ nicht, wenn die Variable y durch $\mathfrak{x}$ ersetzt wird, und $\mathfrak{A}(y)$ geht in $\mathfrak{A}(\mathfrak{x})$ über), d. h. $\curlyvee \rightarrow_x \mathfrak{A}(x)$ ist zulässig, $\bigwedge_x \mathfrak{A}(x)$ ist ableitbar.

Wir haben damit für beide Quantoren die *effektive* Gültigkeit der logischen Regeln, die sich unmittelbar aus der Auffassung von $\bigvee_x$ als unendlicher Adjunktion und von $\bigwedge_x$ als unendlicher Konjunktion ergeben, nachgewiesen. Zur Gewinnung der logischen Implikationen zwischen Formeln, zu deren Zusammensetzung nicht nur Junktoren, sondern auch Quantoren verwendet werden, läßt sich daher ein neuer Logikkalkül aufstellen. Aus denselben Gründen, die wir gegen den Namen *„Prädikatenlogik"* angeführt haben, vermeiden wir hier auch den sonst gebräuchlichen Namen *„Prädikatenkalkül"* und nennen den neuen Kalkül statt dessen *Quantorenkalkül*.

Die Formeln des Kalküls werden zusammengesetzt aus

(1) den Symbolen *a*, *b*, ... (die bei Anwendungen als Aussagenvariable zu interpretieren sind) einschließlich $\curlyvee$ und $\curlywedge$,

(2) den Symbolen $a(x)$, $b(y)$, ...
$a(x_1, x_2)$, $b(y_1, y_2)$ ...
⋮

(die bei Anwendungen als Variable für Aussageformen mit x, y, ... als *Objektvariablen* zu interpretieren sind),

(3) den Junktoren $\wedge$, $\vee$, $\rightarrow$ derart, daß mit *A* und *B* auch $(A \wedge B)$, $(A \vee B)$ und $(A \rightarrow B)$ Formeln sind,

(4) den Quantoren $\bigwedge_x$, $\bigvee_x$, derart, daß mit einer Formel *A* und einer Variablen x auch $\bigwedge_x A$ und $\bigvee_x A$ Formeln sind.

Wir nennen die Formeln a, $b(x)$, $c(x, y)$, ... *Primformeln* und die darin vorkommenden Symbole *a*, *b*, *c*, ... *Kernsymbole*. Damit $\bigwedge_x A$ eine Formel ist, braucht x nicht in *A* vorzukommen. Wir werden trotzdem meist $\bigwedge_x A(x)$ schreiben, um einen Substitutionsoperator zu vermeiden.

Zur Ableitung von Implikationen $A \prec B$ enthalte der Quantorenkalkül die Regeln Br0–Br10 und dazu, falls x frei für y in $A(x)$:

Q 1: $\Rightarrow \bigwedge_x A(x) \prec A(y)$

Q 2: $C \prec A(y) \Rightarrow C \prec \bigwedge_x A(x)$ (y nicht frei in der Konklusion)

Q 3: $\Rightarrow A(y) \prec \bigvee_x A(x)$

Q 4: $A(y) \prec C \Rightarrow \bigvee_x A(x) \prec C$ (y nicht frei in der Konklusion).

In Q 2 und Q 4 braucht die Variable y jetzt nicht gebunden zu werden, weil der Kalkül keine Ersetzungen von y vorsieht. y wird hier im Kalkül nicht als Variable gebraucht, sondern nur als eine Atomfigur des Kalküls.

Der Kalkül Br0—Br10, Q 1—Q 4, ist der *affirmative Quantorenkalkül*. Die Negation kann wieder durch

$$\neg A \leftrightharpoons \overline{A} \leftrightharpoons A \rightarrow \curlywedge$$

eingeführt werden. Die Erweiterung des so entstehenden *effektiven Quantorenkalküls* zum *klassischen Quantorenkalkül* geschieht wie in der Junktorenlogik durch Hinzufügung von

$$\overline{\overline{A}} \prec A.$$

Auf Grund von Q 1—Q 4 gilt für den klassischen Kalkül wieder das Dualitätsprinzip, wobei jetzt auch $\bigwedge_x$ und $\bigvee_x$ zu vertauschen sind.

Im folgenden stellen wir die wichtigsten ableitbaren Formeln und Regeln für die Quantorenkalküle zusammen. Die Sätze gelten, wenn nichts Besonderes vermerkt ist, nicht nur für den klassischen Kalkül, sondern auch für den effektiven Kalkül.

(10.7) $A(x) \prec B(x) \Rightarrow \bigwedge_x A(x) \prec \bigwedge_x B(x)$

(10.8) $A(x) \prec B(x) \Rightarrow \bigvee_x A(x) \prec \bigvee_x B(x)$

Beweis: Wegen $\bigwedge_x A(x) \prec A(x)$ (x ist frei für x) folgt aus $A(x) \prec B(x)$ zunächst $\bigwedge_x A(x) \prec B(x)$. Es folgt $\bigwedge_x A(x) \prec \bigwedge_x B(x)$, da x hier nicht frei vorkommt. (10.8) folgt dual. Speziell folgt die Äquivalenz von $\bigwedge_x A(x)$ bzw. $\bigvee_x A(x)$ mit $\bigwedge_x B(x)$ bzw. $\bigvee_x B(x)$, wenn $A(x)$ und $B(x)$ äquivalent sind. Wird also in einer quantorenlogischen Formel A eine Teilformel durch eine äquivalente ersetzt, so entsteht eine zu A äquivalente Formel.

(10.9) $\bigwedge_x A(x) \asymp \bigwedge_y A(y)$ (x frei für y und y nicht frei in $A(x)$)

(10.10) $\bigvee_x A(x) \asymp \bigvee_y A(y)$

Beweis: Es gilt $\bigwedge_x A(x) \prec A(y)$, und daraus folgt $\bigwedge_x A(x) \prec \bigwedge_y A(y)$.

Andererseits ist y frei für x und x nicht frei in $A(y)$ — weil $A(y)$ das Ersetzungsresultat $\sigma_x A(x)[y]$ ist, also y nur für die frei vorkommenden x eingesetzt ist —, und $A(x)$ ist das Ersetzungsresultat $\sigma_y A(y)[x]$. Man erhält daher auch

$$\bigwedge_y A(y) \prec \bigwedge_x A(x)$$

(10.10) folgt dual.

Diese Äquivalenzen bedeuten, daß man in jeder Formel — unter den angegebenen Bedingungen für die Variablen — eine gebundene Variable in eine andere *„umbenennen"* darf.

In einer Implikation $A(x) \prec B(x)$ darf man entsprechend eine freie Variable x *umbenennen* in eine Variable, für die x frei ist.

(10.11) $A(x) \prec B(x) \Rightarrow A(y) \prec B(y)$
(x frei für y in $A(x)$ und $B(x)$)

Beweis: Aus $A(x) \prec B(x)$ ist $\curlyvee \prec A(x) \rightarrow B(x)$ ableitbar und hieraus $\curlyvee \prec \bigwedge_x . A(x) \rightarrow B(x).$.

Wegen $\bigwedge_x . A(x) \rightarrow B(x). \prec A(y) \rightarrow B(y)$ folgt

$$\curlyvee \prec A(y) \rightarrow B(y)$$

d. h. $A(y) \prec B(y)$

(10.12) $\bigwedge_x \bigwedge_y A(x, y) \asymp \bigwedge_y \bigwedge_x A(x, y)$

(10.13) $\bigvee_x \bigvee_y A(x, y) \asymp \bigvee_y \bigvee_x A(x, y)$

Beweis: $\bigwedge_x \bigwedge_y A(x, y) \prec \bigwedge_y A(x, y) \prec A(x, y)$

$\dots \prec \bigwedge_x A(x, y)$

$\dots \prec \bigwedge_y \bigwedge_x A(x, y)$

Entsprechend für (10.13).

Zur Abkürzung werden wir im folgenden $\bigwedge_{x,y}$ statt $\bigwedge_x \bigwedge_y$ ebenso $\bigvee_{x,y}$ statt $\bigvee_x \bigvee_y$, $\bigwedge_{x_1, x_2}, \ldots$ statt $\bigwedge_{x_1} \bigwedge_{x_2} \ldots$ usw. schreiben.

(10.14) $\qquad \bigwedge_x A(x) \prec \bigvee_x A(x)$

Beweis: $\qquad \bigwedge_x A(x) \prec A(x) \prec \bigvee_x A(x)$

An diesem Beweis sieht man, daß die Regeln des Kalküls nur gelten, wenn die Variablen x, y ... Variable für eine nichtleere Klasse von Objekten sind. Diese Voraussetzung über die Objekte wird hier gemacht, da es sich nicht lohnt, die Regeln so zu komplizieren, daß auch noch der Fall einer leeren Klasse von Objekten einbegriffen wird.

(10.15) $\qquad \bigvee_x \bigwedge_y A(x,y) \prec \bigwedge_y \bigvee_x A(x,y)$

Beweis: Aus $\qquad \bigwedge_y A(x,y) \prec A(x,y) \prec \bigvee_x A(x,y)$

folgt $\qquad \bigwedge_y A(x,y) \prec \bigwedge_y \bigvee_x A(x,y)$

und $\qquad \bigvee_x \bigwedge_y A(x,y) \prec \bigwedge_y \bigvee_x A(x,y)$

(10.15) ist — ebenso wie (10.14) — dual zu sich selbst. Man darf diese Implikation natürlich nicht umkehren, ohne gleichzeitig die Quantoren zu vertauschen.

Während die bisherigen Sätze zu ihrer Formulierung keine Junktoren benötigten, ist jetzt noch das Verhältnis der Quantoren zu den Junktoren zu untersuchen.

(10.16) $\qquad \bigwedge_x . A(x) \wedge B(x) . \asymp \bigwedge_x A(x) \wedge \bigwedge_x B(x)$

(10.17) $\qquad \bigvee_x . A(x) \vee B(x) . \asymp \bigvee_x A(x) \vee \bigvee_x B(x)$

Beweis: (1) $\bigwedge_x . A(x) \wedge B(x) . \prec A(x) \wedge B(x)$

$\prec A(x)$

$\prec \bigwedge_x A(x)$

ebenso $\qquad \prec \bigwedge_x B(x)$

also $\qquad \prec \bigwedge_x A(x) \wedge \bigwedge_x B(x)$

$$(2)\quad \bigwedge_x A(x) \wedge \bigwedge_x B(x) \prec \bigwedge_x A(x)$$

$$\prec A(x)$$

ebenso $\prec B(x)$

also $\prec A(x) \wedge B(x)$

und $\prec \bigwedge_x .\, A(x) \wedge B(x)\,.$

(10.17) folgt dual.

$$(10.18)\qquad \bigwedge_x A(x) \vee \bigwedge_x B(x) \prec \bigwedge_x .\, A(x) \vee B(x)\,.$$

$$(10.19)\qquad \bigvee_x .\, A(x) \wedge B(x)\,. \prec \bigvee_x A(x) \wedge \bigvee_x B(x)$$

Beweis von (10.18) unmittelbar aus

$$A(x) \prec A(x) \vee B(x)$$

$$B(x) \prec A(x) \vee B(x),$$

von (10.19) dual.

Diese Implikationen lassen sich nicht umkehren. Kommt jedoch x nicht frei in A vor, so gilt

$$(10.20)\qquad \bigvee_x .\, A \wedge B(x). \asymp A \wedge \bigvee_x B(x)$$

Beweis: (1) Aus $B(x) \prec \bigvee_x B(x)$

folgt $A \wedge B(x) \prec A \wedge \bigvee_x B(x)$

also (10.20) mit $\prec$ statt $\asymp$, weil x nicht frei in $A \wedge \bigvee_x B(x)$ vorkommt.

(2) Aus $A \wedge B(x) \prec \bigvee_x .\, A \wedge B(x).$

folgt $B(x) \prec A \rightarrow \bigvee_x .\, A \wedge B(x).$

$\bigvee_x B(x) \prec A \rightarrow \bigvee_x .\, A \wedge B(x).$

also $A \wedge \bigvee_x B(x) \prec \bigvee_x .\, A \wedge B(x).$

Die erste Hälfte dieses Beweises läßt sich für den effektiven Kalkül dualisieren und ergibt

$$(10.21)\qquad A \vee \bigwedge_x B(x) \prec \bigwedge_x .\, A \vee B(x).$$

Klassisch gilt — dual zu (10.20) — hier die Äquivalenz.

(10.22) $\bigwedge_x .\, A(x) \to B . \asymp \bigvee_x A(x) \to B$

(x nicht frei in B)

Beweis: (1) $\bigwedge_x .\, A(x) \to B . \prec A(x) \to B$

$$A(x) \prec \bigwedge_x .\, A(x) \to B . \to B$$

$$\bigvee_x A(x) \prec \bigwedge_x .\, A(x) \to B . \to B$$

(2) Aus $A(x) \prec \bigvee_x A(x)$

folgt $\bigvee_x A(x) \to B \prec A(x) \to B$

Dagegen gilt effektiv wieder nur als Implikation

(10.23) $\bigvee_x .\, A(x) \to B . \prec \bigwedge_x A(x) \to B$

(x nicht frei in B)

Beweis: Entsprechend der zweiten Hälfte des Beweises von (10.22) folgt aus

$$\bigwedge_x A(x) \prec A(x)$$

$$A(x) \to B \prec \bigwedge_x A(x) \to B$$

Ersetzen wir in (10.22) und (10.23) die Formel B durch ⅄, so entsteht

(10.24) $\bigwedge_x \neg A(x) \asymp \neg \bigvee_x A(x)$

(10.25) $\bigvee_x \neg A(x) \prec \neg \bigwedge_x A(x)$

Klassisch erhält man durch Dualisierung von (10.24) auch die Umkehrung von (10.25), also die DE MORGANschen Regeln der Quantorenlogik. Damit erhält man dann klassisch auch noch die Umkehrung von (10.23) wegen

$$\begin{aligned} \bigvee_x .\, A(x) \to B . &\asymp \bigvee_x .\, \neg A(x) \vee B . \\ &\asymp \bigvee_x \neg A(x) \vee B \\ &\asymp \neg \bigwedge_x A(x) \vee B \\ &\asymp \bigwedge_x A(x) \to B \end{aligned}$$

Für die klassische Logik gestatten die bewiesenen Äquivalenzen, jede Formel in eine *pränexe Normalform* äquivalent umzuformen. Die DE MORGANschen Regeln gestatten nämlich, die Negationen auf die Primformeln zu verschieben. Für die gebundenen Variablen führen wir dann Umbenennungen durch, so daß keine zwei Quantoren gleiche Variable behalten und außerdem alle gebundenen Variablen von allen freien Variablen verschieden sind. Durch Anwendung der Äquivalenzen (10.16), (10.17), (10.20), (10.21) lassen sich schließlich sukzessive die Quantoren nach vorne ziehen. Es entsteht eine Formel, in der alle Quantoren am Anfang stehen und sich die Wirkungsbereiche dieser Quantoren bis ans Ende der Formel erstrecken.

Für die doppelte Negation vermerken wir noch die effektiven Sätze

(10.26) $\neg\neg \bigwedge_x A(x) \prec \bigwedge_x \neg\neg A(x)$

(10.27) $\bigvee_x \neg\neg A(x) \prec \neg\neg \bigvee_x A(x)$

Beweis: Aus $\bigwedge_x A(x) \prec A(x)$

folgt $\neg\neg \bigwedge_x A(x) \prec \neg\neg A(x)$

(10.27) folgt entsprechend.

Die Umkehrungen gelten klassisch, aber nicht effektiv.

Als eine einfache Anwendung der Quantorenlogik können wir jetzt die in Kap. I benutzte syllogistische Relation *a* definieren. Man setze nämlich

$$P a Q \leftrightharpoons \bigwedge_s . s \varepsilon P \rightarrow s \varepsilon Q .$$

Ersichtlich gelten dann die Axiome von Kap. I als quantorenlogische Sätze:

I: $\bigwedge_s . s \varepsilon P \rightarrow s \varepsilon M . \wedge \bigwedge_s . s \varepsilon M \rightarrow s \varepsilon Q .$
$\prec \bigwedge_s . s \varepsilon P \rightarrow s \varepsilon Q .$

II: $\bigwedge_s . s \varepsilon P \rightarrow s \varepsilon P .$

Auch die in Kap. I stillschweigend benutzten Schlüsse erweisen sich jetzt — sofern sie nicht junktorenlogisch waren — als quantorenlogisch, denn die Definition von *i* z. B. benutzte ja die Formel

$$\bigvee_M . M a P \wedge M a Q .$$

Statt der Definitionen von Kap. I wird meist verwendet

$$P\, i\, Q \leftrightharpoons \bigvee_s . s \varepsilon P \wedge s \varepsilon Q .$$
$$P\, e\, Q \leftrightharpoons \bigwedge_s . s \varepsilon P \rightarrow s \varepsilon' Q .$$
$$P\, o\, Q \leftrightharpoons \bigvee_s . s \varepsilon P \wedge s \varepsilon' Q .$$

Aus diesen Definitionen folgen effektiv:

$$P\, e\, Q \asymp \neg\, P\, i\, Q$$
$$P\, a\, Q \asymp \neg\, P\, o\, Q$$

Zum Beweis führen wir als allgemein zu verwendende Abkürzung die *bedingten Quantoren* ein:

$$(10.28)\quad \begin{cases} \underset{A(x)}{\bigwedge_x} B(x) \leftrightharpoons \bigwedge_x . A(x) \rightarrow B(x) . \\ \underset{A(x)}{\bigvee_x} B(x) \leftrightharpoons \bigvee_x . A(x) \wedge B(x) . \end{cases}$$

Mit den bedingten Quantoren läßt sich weitgehend so umgehen wie mit den gewöhnlichen Quantoren.

In Verallgemeinerung von (10.22) gilt effektiv

$$(10.29)\quad \underset{A(x)}{\bigwedge_x} . B(x) \rightarrow C . \asymp \underset{A(x)}{\bigvee_x} B(x) \rightarrow C$$

falls x nicht frei in C vorkommt.

Zum Beweis hat man nur die linke Seite durch

$$\bigwedge_x . A(x) \dot{\rightarrow} B(x) \rightarrow C .$$

zu ersetzen. Diese Formel ist äquivalent mit

$$\bigwedge_x . A(x) \wedge B(x) \rightarrow C .$$

Anwendung von (10.22) ergibt dann die gewünschte Äquivalenz.

Aus (10.29) folgt speziell

(10.30) $$\underset{A(x)}{\bigwedge_x} \neg B(x) \asymp \neg \underset{A(x)}{\bigvee_x} B(x)\,,$$

womit *e* bzw. *a* als Negationen von *i* bzw. *o* erwiesen sind. Klassisch erhält man durch doppelte Verneinungen

(10.31) $$\neg \underset{A(x)}{\bigwedge_x} B(x) \asymp \underset{A(x)}{\bigvee_x} \neg B(x).$$

Die Implikation (10.14) überträgt sich nicht allgemein auf bedingte Quantoren.

$$\underset{A(x)}{\bigwedge_x} B(x) \prec \underset{A(x)}{\bigvee_x} B(x)$$

gilt dann und nur dann, wenn zusätzlich $\bigvee_x A(x)$ vorausgesetzt wird. Man hat nämlich einerseits

$$A(x) \wedge \underset{A(x)}{\bigwedge_x} B(x) \prec B(x)$$

$$\prec A(x) \wedge B(x)$$

$$\prec \underset{A(x)}{\bigvee_x} B(x)$$

also $$\bigvee_x A(x) \wedge \underset{A(x)}{\bigwedge_x} B(x) \prec \underset{A(x)}{\bigvee_x} B(x)$$

andererseits $$\underset{A(x)}{\bigvee_x} B(x) \prec \bigvee_x A(x)$$

also $$\neg \bigvee_x A(x) \prec \neg \underset{A(x)}{\bigvee_x} B(x)$$

aber auch $$\neg \bigvee_x A(x) \prec \bigwedge_x \neg A(x) \prec \underset{A(x)}{\bigwedge_x} B(x)$$

Mit den jetzigen Definitionen der syllogistischen Relationen gilt also weder $P\,a\,Q \prec P\,i\,Q$
noch $P\,e\,Q \prec P\,o\,Q$

Die Modi, die in ihrem scholastischen Merkwort den Buchstaben *p* enthalten (darapti, felapton, fesapo, bamalip), und die subalternen Modi werden daher ungültig, wenn nicht zusätzlich $\bigvee_s s\,\varepsilon\,P$ vorausgesetzt wird. In der Scholastik hieß der Schluß von $\bar{a}$ auf *i* bzw. von *e* auf $\bar{o}$ *conversio per accidens* — und an diese Konversion, die zum Beweis benötigt wurde. sollte das *p* erinnern.

Wegen der großen Unterschiede zwischen der effektiven und klassischen Logik stellt sich wieder die Frage, unter welchen Umständen — oder im Sinne welcher *Fiktion* — die klassische Quantorenlogik für Kalküle brauchbar ist. Selbst in dem Falle entscheidbarer Kalküle läßt sich jetzt die Gültigkeit der klassischen Logik nicht mehr wie für die Junktorenlogik beweisen. Dort hatten wir nämlich für (9.5) aus der Ableitbarkeit von $\mathfrak{A} \vee \overline{\mathfrak{A}}$ und $\mathfrak{B} \vee \overline{\mathfrak{B}}$ effektiv auf die Ableitbarkeit von $\mathfrak{A} \wedge \mathfrak{B} \mathbin{\dot\vee} \overline{\mathfrak{A}} \vee \overline{\mathfrak{B}}$ geschlossen. Von $\mathfrak{A}(x) \vee \overline{\mathfrak{A}(x)}$ kann jetzt aber nicht mehr effektiv auf

$$\wedge_x \mathfrak{A}(x) \vee \vee_x \overline{\mathfrak{A}(x)}$$

geschlossen werden. Denn effektiv gilt nur

$$\mathfrak{A}(x) \vee \overline{\mathfrak{A}(x)} \prec \mathfrak{A}(x) \vee \vee_x \overline{\mathfrak{A}(x)}$$

$$\wedge_x . \mathfrak{A}(x) \vee \overline{\mathfrak{A}(x)} . \prec \wedge_x . \mathfrak{A}(x) \vee \vee_x \overline{\mathfrak{A}(x)} .$$

und es fehlt die Möglichkeit, von $\wedge_x . \mathfrak{A}(x) \vee \mathfrak{B}.$ (wobei $\mathfrak{B}$ für die Formel $\vee_x \overline{\mathfrak{A}(x)}$ steht) auf $\wedge_x \mathfrak{A}(x) \vee \mathfrak{B}$ zu schließen. Diese „Ungültigkeit" des *tertium non datur* wurde von BROUWER 1907 entdeckt; und es ist diese Entdeckung gewesen, die den ersten Schritt über die klassische Logik hinaus in Richtung auf die effektive Logik darstellte. BROUWER zog daraus in dem von ihm begründeten *Intuitionismus* die Folgerung, daß die klassische Logik auf unendlich viele Objekte (wobei also die Quantoren nicht auf die Junktoren zu reduzieren sind) nicht angewendet werden darf. So unbestreitbar diese Position ist, es bleibt trotz des BROUWERschen Verbotes die Möglichkeit, die klassische Quantorenlogik als eine *Fiktion* zu verwenden.

Der für die fiktive Anwendbarkeit der Junktorenlogik (im Falle unentscheidbarer Kalküle) geführte Beweis braucht dazu nur geringfügig modifiziert zu werden. Sind

$$(10.32)\quad \begin{array}{l} \mathfrak{A}_{11}, \mathfrak{A}_{12}, \ldots \rightarrow_{x, y, \ldots} \mathfrak{A}_1 \\ \mathfrak{A}_{21}, \mathfrak{A}_{22}, \ldots \rightarrow_{x, y, \ldots} \mathfrak{A}_2 \\ \vdots \end{array}$$

die Regeln eines Kalküls, in denen keine freien Variablen mehr vorkommen, so hat man für die Anwendung der klassischen Logik von den Formeln

$$(10.33)\quad \begin{array}{l} \bigwedge_{x, y, \ldots} \ldots \mathfrak{A}_{11} \wedge \mathfrak{A}_{12} \ldots \rightarrow \mathfrak{A}_1 . \\ \bigwedge_{x, y, \ldots} \ldots \mathfrak{A}_{21} \wedge \mathfrak{A}_{22} \ldots \rightarrow \mathfrak{A}_2 . \\ \vdots \end{array}$$

auszugehen und dann nach den Regeln des klassischen Quantorenkalküls zu schließen. Es sei $\mathfrak{C}$ etwa eine Formel, die so zu erhalten ist. $\mathfrak{C}$ kann ebenso wie alle zum Beweis benötigten Formeln klassisch allein mit Hilfe von $\wedge$, $\overline{}$ und $\bigwedge_x$ geschrieben werden. Jede Formel $\mathfrak{A}$ des Beweises von $\mathfrak{C}$ bilden wir nun auf eine Formel $+\mathfrak{A}$ ab, die so entsteht, daß alle primitiven Formeln, aus denen $\mathfrak{A}$ zusammengesetzt ist, durch ihre doppelte Negation ersetzt werden. Treten in $\mathfrak{A}$ keine Allquantoren auf, so gilt $+\mathfrak{A} \asymp \overline{\overline{\mathfrak{A}}}$, wegen der Nicht-Umkehrbarkeit von (10.26) gilt dies aber nicht allgemein. Alle Formeln $+\mathfrak{A}$ sind jedoch stabil, d. h. es gilt

$$\overline{\overline{+\mathfrak{A}}} \prec +\mathfrak{A}$$

Für primitive Formeln $\mathfrak{A}$ ist dies trivial. Sind dann aber $+\mathfrak{A}$ und $+\mathfrak{B}$ stabil, so auch $+(\mathfrak{A} \wedge \mathfrak{B})$ und $+\overline{\mathfrak{A}}$. Aus der Stabiltät von $+\mathfrak{A}(x)$ folgt die Stabilität von $+\bigwedge_x \mathfrak{A}(x) \asymp \bigwedge_x + \mathfrak{A}(x)$ wegen

$$\neg\neg \bigwedge_x + \mathfrak{A}(x) \prec \bigwedge_x \neg\neg + \mathfrak{A}(x) \prec \bigwedge_x + \mathfrak{A}(x).$$

Aus (10.33) folgt effektiv ferner

$$(10.34)\quad \begin{array}{l} \bigwedge_{x\ y, \ldots} \overline{\overline{\mathfrak{A}}}_{11} \wedge \overline{\overline{\mathfrak{A}}}_{12} \wedge \ldots \rightarrow \overline{\overline{\mathfrak{A}}}_1 . \\ \bigwedge_{x\ y, \ldots} \overline{\overline{\mathfrak{A}}}_{21} \wedge \overline{\overline{\mathfrak{A}}}_{22} \quad \ldots \rightarrow \overline{\overline{\mathfrak{A}}}_2 . \end{array}$$

Der klassische Beweis von $\mathfrak{C}$ aus (10.33) geht bei der Abbildung jeder Formel $\mathfrak{A}$ auf $+\mathfrak{A}$ also in einen effektiven Beweis von $+\mathfrak{C}$ aus (10.34) über. Da aber (10.33) und damit auch (10.34) effektiv gelten, gilt auch $+\mathfrak{C}$ effektiv.

Insbesondere folgt wieder, *daß die Anwendung der klassischen Quantorenlogik auf beliebige Kalküle nicht zu einem Widerspruch führt.*

§ 11 Vollständigkeit und Unentscheidbarkeit

Um die Ergebnisse von § 7 von der Junktorenlogik auf die Quantorenlogik auszudehnen, wollen wir im folgenden untersuchen, wie sich quantorenlogische Implikationen als „allgemeingültig" charakterisieren lassen und inwieweit die Klasse der im Quantorenkalkül ableitbaren Implikationen mit diesen allgemeingültigen Implikationen übereinstimmt.

Wir wählen dazu für den klassischen Quantorenkalkül eine auf GENTZEN 1934 zurückgehende Formulierung. Die Axiome G1—G4 aus § 7 werden übernommen, wobei die Formeln jetzt aber auch mit Hilfe der Quantoren zusammengesetzt sein können. Analog zu G3 wird für die Quantoren gefordert

G5: $\quad A \prec B(y) \vee C \Rightarrow A \prec \bigwedge_x B(x) \vee C$

$\quad\quad A \wedge B(y) \prec C \Rightarrow A \wedge \bigvee_x B(x) \prec C$

(x frei für y in $B(x)$ und y nicht frei in der Konklusion)
Während die Grundimplikationen G1 für $\wedge$ und $\vee$ sofort die Implikationen $A \wedge B \prec B$, $A \prec A \vee B$ usw. liefern, sind für die Quantoren aus dem Bisherigen noch nicht die Implikationen $\bigwedge_x A(x) \prec A(y)$

$$A(y) \prec \bigvee_x A(x)$$

zu erhalten. Es müssen deshalb noch zwei Grundregeln hinzugenommen werden.

G6: $A \wedge \bigwedge_x B(x) \wedge B(y) \prec C \Rightarrow A \wedge \bigwedge_x B(x) \prec C$

$A \prec \bigvee_x B(x) \vee B(y) \vee C \Rightarrow A \prec \bigvee_x B(x) \vee C$

(x frei für y in $B(x)$)

Ebenso wie G2—G5 sind auch diese *Verschmelzungsregeln* G6 umkehrbar. Die Grundregeln des GENTZEN-Kalküls sind aus der Formulierung des klassischen Quantorenkalküls in § 10 leicht abzuleiten. Umgekehrt folgt z. B. $\bigwedge_x A(x) \prec A(y)$ sofort nach G6 aus der Grundimplikation $\bigwedge_x A(x) \wedge A(y) \prec A(y)$.

Nimmt man also zum GENTZEN-Kalkül noch die Transitivität der Implikation hinzu, dann sind in ihm dieselben Implikationen ableitbar wie in dem bisher behandelten klassischen Quantorenkalkül.

Diese Gleichwertigkeit gilt aber auch, wenn der GENTZEN-Kalkül ohne die Transitivität genommen wird.

Die Zulässigkeit der Transitivität für den GENTZEN-Kalkül werden wir wieder als ein Nebenresultat der *relativen Konsistenz* und *relativen Vollständigkeit* erhalten. Eine junktorenlogische Implikation hieß allgemeingültig, wenn bei keiner Ersetzung der Aussagevariablen durch $\curlyvee$ oder $\curlywedge$ das Implikans in $\curlyvee$ und das Implikat in $\curlywedge$ übergeht. Um diesen Begriff auf quantorenlogische Implikationen zu verallgemeinern, muß zunächst für die Objektvariablen x, y . . . eine

Klasse ω von *Objekten* $\mathfrak{x}, \mathfrak{y}, \ldots$ gewählt werden. Diese Klasse ω kann endlich oder unendlich, z. B. die Klasse der *Grundzahlen* 1, 2, 3, ..., sein. Neben den Aussagevariablen treten Primformeln a (x), a (x, y), ... auf. Im Falle einer einstelligen Formel a (x) muß jetzt für jedes Objekt $\mathfrak{x}$ die Formel a ($\mathfrak{x}$) durch $\curlyvee$ oder $\curlywedge$ ersetzt werden. In mathematischer Ausdrucksweise geschieht dies dadurch, daß eine *logische Funktion* ψ gewählt wird, d. h. eine Funktion, die die Objekte als Argumente hat und $\curlyvee$, $\curlywedge$ als Werte. Man *„belegt"* also das Kernsymbol a von a (x) mit einer logischen Funktion ψ und ordnet a ($\mathfrak{x}$) dann $\curlyvee$ oder $\curlywedge$ als *„Wert"* zu, je nachdem ob $\psi \iota \mathfrak{x} = \curlyvee$ oder $\psi \iota \mathfrak{x} = \curlywedge$ ist. $\psi \iota \mathfrak{x}$ bezeichnet den Funktionswert von ψ an der Stelle $\mathfrak{x}$ (vgl. § 13). Entsprechendes gilt für mehrstellige Formeln.

Für eine z. B. zweistellige Primformel a (x, y) ist das Kernsymbol a mit einer zweistelligen logischen Funktion ψ zu belegen und dann a ($\mathfrak{x}, \mathfrak{y}$) der Wert $\curlyvee$ oder $\curlywedge$ zuzuordnen, je nachdem ob $\psi \iota \mathfrak{x}, \mathfrak{y} = \curlyvee$ oder $\psi \iota \mathfrak{x}, \mathfrak{y} = \curlywedge$ ist. Eine Objektklasse ω mit einer Belegung der Kernsymbole einer Formel A durch logische Funktionen über ω heißt eine *Interpretation* von A über ω.

Es ist noch zu definieren, welcher der Werte $\curlyvee$ oder $\curlywedge$ einer zusammengesetzten Formel A zuzuordnen ist bzgl. einer Interpretation. Von der Formel A setzen wir voraus, daß sie keine freien Objektvariablen enthält, da über den zuzuordnenden Wert sinnvoll erst entschieden werden kann, wenn die freien Variablen durch Konstante ersetzt sind. Ist A junktorenlogisch zusammengesetzt, etwa aus A_1 und A_2, so richtet sich der zuzuordnende Wert nach den Werten, die A_1 und A_2 zuzuordnen sind, und zwar nach den in der

Junktorenlogik behandelten Wahrheitstafeln. Einer Formel A der Gestalt $\bigwedge_x B(x)$ werde nun $\curlyvee$ zugeordnet, wenn für alle Objekte $\mathfrak{x}$ der Formel $B(\mathfrak{x})$ der Wert $\curlyvee$ zuzuordnen ist — sonst wird A der Wert $\curlywedge$ zugeordnet. Einer Formel A der Gestalt $\bigvee_x B(x)$ wird entsprechend $\curlyvee$ zugeordnet, wenn für mindestens ein Objekt $\mathfrak{x}$ der Formel $B(\mathfrak{x})$ der Wert $\curlyvee$ zuzuordnen ist — sonst wird A der Wert $\curlywedge$ zugeordnet.

Eine Interpretation von A, die A den Wert $\curlyvee$ zuordnet, heißt ein *Modell* von A.

Relativ zu einer Klasse ω von Objekten heiße eine Formel ohne freie Objektvariable nun *allgemeingültig,* wenn ihr bei jeder Interpretation über ω der Wert $\curlyvee$ zuzuordnen ist. Eine Formel mit freien Objektvariablen heiße *bzgl. ω allgemeingültig,* wenn jede bei Ersetzung der freien Objektvariablen durch Konstante aus ω entstehende Formel bzgl. ω allgemeingültig ist.

Eine Formel heiße schließlich *allgemeingültig*, wenn sie bzgl. jeder nicht-leeren Klasse von Objekten allgemeingültig ist. Eine Implikation $A \prec B$ heiße *allgemeingültig,* wenn die Subjunktion $A \to B$ allgemeingültig ist.

Es ist klar, daß nur für den Fall endlicher Objektklassen alle Interpretationen einer Formel effektiv durchgeführt werden können. Die logischen Funktionen sind dann explizit durch Wertverlaufstabellen darzustellen. Bei unendlichen Objektklassen ist dagegen die Allgemeingültigkeit einer Formel in der Quantorenlogik nicht mehr durch Ausrechnen der Werte zu entscheiden. Um die Allgemeingültigkeit z. B. von

$$(11.1) \qquad \bigwedge_x A(x) \vee \bigvee_x \neg A(x)$$

zu bestimmen, müßte man wissen, ob (etwa für die Grundzahlen als Objekte) für eine logische Funktion ψ der Grundzahlen stets „für alle $\mathfrak{x} : \psi \,\iota\, \mathfrak{x} = \curlyvee$" gilt oder „für mindestens ein $\mathfrak{x} : \psi \,\iota\, \mathfrak{x} = \curlywedge$". Diese Behauptung läßt sich aber nur so rechtfertigen, daß man schließt: wenn nicht $\psi \,\iota\, \mathfrak{x} = \curlyvee$ für alle $\mathfrak{x}$ gilt, so gilt $\psi \,\iota\, \mathfrak{x} \neq \curlyvee$ für mindestens ein $\mathfrak{x}$, also $\psi \,\iota\, \mathfrak{x} = \curlywedge$. Ersichtlich ist der erste Teil dieses Schlusses aber nichts als eine Anwendung der logischen Implikation

(11.2) $$\neg \bigwedge_x A(x) \prec \bigvee_x \neg A(x),$$

die mit (11.1) gleichwertig ist — und deren „Gültigkeit" also gerade zur Debatte steht.

Die Feststellung, ob gewisse im Quantorenkalkül ableitbare Implikationen allgemeingültig sind, kann also nur gemacht werden, wenn man dazu die klassischen quantorenlogischen Schlüsse schon benutzt. Mit Verwendung dieser Schlüsse ist dann aber trivialerweise die *relative Konsistenz* des klassischen Quantorenkalküls zu erhalten, d. h. *jede im klassischen Quantorenkalkül ableitbare Implikation ist allgemeingültig.*

Keineswegs trivial ist dagegen die *Vollständigkeit* des klassischen Quantorenkalküls bzgl. der Klasse der allgemeingültigen Implikationen. Diese Vollständigkeit wurde zuerst von GÖDEL 1930 entdeckt; unser Beweis wird SCHÜTTE 1955 folgen.

Wir werden für den GENTZEN-Kalkül G1—G6 beweisen, daß in ihm jede allgemeingültige Implikation ableitbar ist. Dazu versuchen wir eine Übersicht über alle Ableitungen zu gewinnen.

Nach den Regeln G2 läßt sich eine Implikation $A \prec B$ in der Form

(11.3) $$A_1 \wedge \ldots \wedge A_m \prec B_1 \vee \ldots \vee B_n$$

darstellen, wobei die A_μ keine Konjunktionen, die B_ν keine Adjunktionen mehr sind. Die A_μ heißen die *Vorderglieder*, die B_ν die *Hinterglieder* der Implikation. Auf die Reihenfolge und Assoziierung dieser Glieder kommt es nicht an.

Sind alle Glieder von (11.3) Primformeln, so heiße die Implikation *primitiv*. Eine primitive Implikation ist niemals Konklusion einer der Regeln G3—G6. Eine nicht-primitive Implikation dagegen ist eine Grundimplikation G1 oder sie ist Konklusion einer der Regeln G3—G6.

Eine Implikation, die weder Grundimplikation noch Konklusion einer der Regeln G3—G5 ist, hat die Gestalt

$$(11.4) \quad A \wedge \bigwedge_{x_1} A_1(x_1) \wedge \bigwedge_{x_2} A_2(x_2) \wedge \ldots \prec \bigvee_{y_1} B_1(y_1) \vee \bigvee_{y_2} B_2(y_2) \vee \ldots \vee B,$$

wobei A bzw. B eine Konjunktion bzw. Adjunktion von Primformeln ist. Eine solche Implikation heiße *kritisch*. Eine kritische Implikation entsteht nur als Konklusion der Regeln G6.

Auf Grund dieser Erörterung der Ableitungsmöglichkeiten können wir für jede vorgegebene Implikation J einen *Stammbaum* konstruieren, indem wir J als oberste Implikation aufschreiben, darunter nach G3 bis G6 Prämissen von J (das können keine, eine oder zwei sein), darunter wieder Prämissen dieser Prämissen usw.

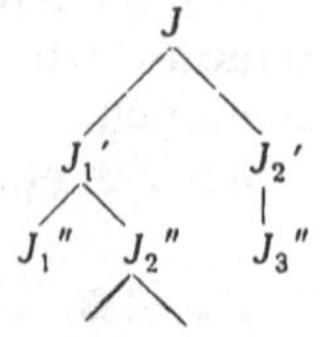

Eine in einem solchen Stammbaum auftretende Implikation hat nur dann keine Prämissen mehr, wenn sie eine Grundimplikation oder eine primitive Implikation ist. Die *„Stammlinien"*, die von J ausgehend immer nach unten zu höchstens einer Prämisse führen (z. B. von J zu J_1' dann zu J_2'', ...), brechen also notwendig ab, wenn sie zu einer solchen *untersten* Implikation gelangt sind.

Nun ist klar, daß eine ableitbare Implikation einen Stammbaum besitzen muß, dessen sämtliche Stammlinien abbrechen — und zwar dadurch, daß lauter Grundimplikationen als unterste Implikationen auftreten. Dieser Satz läßt sich umkehren: *wenn eine Implikation einen Stammbaum hat, dessen sämtliche Stammlinien mit Grundimplikationen enden, dann ist die Implikation ableitbar.* Zum Beweis dieser Umkehrung braucht man sich nur zu überlegen, daß (nach KÖNIG 1936) ein Stammbaum, dessen sämtliche Stammlinien endlich sind, insgesamt endlich ist, d. h. nur endlich viele Implikationen enthält. Ist nämlich ein Stammbaum von J unendlich, so gibt es unendlich viele Stammlinien. Mindestens durch eine der Prämissen von J, etwa J', führen daher auch unendlich viele Stammlinien. Also führen auch durch mindestens eine der Prämissen von J', etwa J'', unendlich viele Stammlinien, usw. Die Implikationen $J, J', J'', \ldots$ bilden eine unendliche Stammlinie.

Kehren wir jetzt zurück zu unserer Aufgabe, die Ableitbarkeit der allgemeingültigen Implikationen zu beweisen. Wie man sofort sieht, enthält jeder Stammbaum einer allgemeingültigen Implikation lauter allgemeingültige Implikationen. Das ist der schon erwähnte entscheidende Vorteil des GENTZEN-Kalküls, da seine Schlußregeln umkehrbar sind. Eine in einem Stammbaum einer allgemeingültigen Implikation auftretende primitive Implikation muß daher eine Grundimplikation sein. Es bleibt also nur noch zu beweisen, *daß jede allgemeingültige Implikation einen Stammbaum ohne unendliche Stammlinien besitzt.*

Dazu wählen wir für jede Implikation *spezielle* Stammbäume aus und zeigen, daß ein spezieller Stammbaum keine unendliche Stammlinie besitzt, wenn die Implikation allgemeingültig ist, d. h. daß eine Implikation nicht allgemeingültig ist, wenn einer ihrer speziellen Stammbäume eine unendliche Stammlinie hat.

Zur Konstruktion eines speziellen Stammbaumes einer Implikation J setzen wir fest, daß für nicht-kritische Implikationen stets die Prämissen nach G 3 – G 5 (in beliebiger Wahl) zu benutzen sind. Für eine kritische Implikation $J^{(n)}$ der Gestalt (11.4) wird festgesetzt, daß für jedes der Glieder $\bigwedge_x A(x)$ bzw. $\bigvee_y B(y)$ nacheinander alle Prämissen mit $\bigwedge_x A(x) \wedge A(z)$ bzw. $\bigvee_y B(y) \vee B(z)$ gemäß G 6 zu bilden sind, wobei für z alle Variablen zu nehmen sind, die in der Stammlinie, die von J bis $J^{(n)}$ einschließlich führt, frei vorkommen. Tritt in dieser Stammlinie noch keine Variable frei auf, so ist irgend eine Variable zu wählen.

Es sei nun J eine Implikation mit einem speziellen Stammbaum, der eine unendliche Stammlinie L hat. Wir nehmen die in L vorkommenden freien Variablen (solche gibt es, da ja kritische Implikationen auftreten — sonst wäre L endlich) als Objekte. Für die Klasse dieser Objekte definieren wir zu jeder in J auftretenden Primformel $a(x_1, \ldots, z_n)$ eine logische Funktion φ, die dem Kernsymbol a zugeordnet wird. Tritt die Primformel $a(z_1, \ldots, z_n)$ als Vorderglied in L auf, so sei $\varphi \,\imath\, z_1, \ldots, z_n = \curlyvee$, tritt dagegen $a(z_1, \ldots, z_n)$ als Hinterformel in L auf, so sei $\varphi \,\imath\, z_1, \ldots, z_n = \curlywedge$. Tritt $a(z_1, \ldots, z_n)$ in L weder als Vorder- noch als Hinterglied auf, so kann $\varphi \,\imath\, z_1, \ldots, z_n$ beliebig gewählt werden. Hierdurch ist φ definiert, denn keine Primformel kann gleichzeitig als Vorder- und Hinterglied auftreten: Eine Primformel, die als Glied einer Implikation vorkommt, tritt auch in jeder Prämisse als Glied auf; L enthält aber als unendliche Linie keine Grundimplikation. Für diese Belegung wird, so behaupten wir jetzt, jedem in L auftretenden Vorderglied der Wert $\curlyvee$ und jedem Hinterglied der Wert $\curlywedge$ zugeordnet. Für die Primformeln gilt dies nach Definition der Belegung. Um die Behauptung also für alle Formeln (durch *Teilformelinduktion)* zu beweisen, genügt es, für jede zusammengesetzte Formel anzunehmen, die Behauptung gelte für ihre Teile, und aus dieser Annahme die Behauptung für die zusammengesetzte Formel selbst zu beweisen. Tritt eine zusammengesetzte Formel A als Vorderglied auf, so bestehen die folgenden Möglichkeiten:

Zu G3: A hat die Gestalt $B \vee C$. In der Stammlinie L tritt auch eine Implikation mit B oder C als Vorderglied auf. Tritt etwa B auf, dann hat A den Wert $\curlyvee$, wenn B den Wert $\curlyvee$ hat.

Zu G4: A hat die Gestalt $\overline{B}$. Dann ist B ein Hinterglied und A hat den Wert $\curlyvee$, wenn B den Wert $\curlywedge$ hat.

Zu G5: A hat die Gestalt $\bigvee_x B(x)$. In der Stammlinie L tritt auch eine Implikation mit einer Formel $B(y)$ als Vorderglied auf. A hat den Wert $\curlyvee$, wenn $B(y)$ den Wert $\curlyvee$ hat.

Zu G6: A hat die Gestalt $\bigwedge_x B(x)$. Für jede in L frei auftretende Variable z tritt auch eine Implikation mit $B(z)$ als Vorderglied auf, denn unterhalb des Auftretens von z werden immer noch kritische Implikationen mit A als Vorderglied auftreten. A hat den Wert $\curlyvee$, wenn alle diese $B(z)$ den Wert $\curlyvee$ haben.

Für die als Hinterglieder auftretenden Formeln gilt Entsprechendes. Es folgt daher, daß J nicht allgemeingültig ist.

Nennen wir eine *Formel A* quantorenlogisch *ableitbar,* wenn $\curlyvee \prec A$ ableitbar ist, so erhalten wir damit den GÖDELschen *Vollständigkeitssatz* in folgenden Formulierungen:

Jede allgemeingültige quantorenlogische Formel ist im (klassischen) Quantorenkalkül ableitbar.

Jede quantorenlogische Formel, die im Quantorenkalkül nicht ableitbar ist, ist „verwerfbar“; d. h. es gibt eine Interpretation, die kein Modell ist.

Jede absolut-konsistente quantorenlogische Formel ist „erfüllbar“, d. h. für quantorenlogische Formeln A, für die im Quantorenkalkül nicht $A \prec \curlywedge$ ableitbar ist, gibt es ein Modell.

Die letzte Formulierung gestattet eine wichtige Verallgemeinerung:

Jede absolut-konsistente Klasse quantorenlogischer Formeln ist erfüllbar, d. h. für jede Klasse quantorenlogischer Formeln $A_1, A_2, A_3, \ldots$, für die im Quantorenkalkül keine der Implikationen

$$A_1 \wedge A_2 \wedge \ldots \wedge A_n \prec \curlywedge$$

ableitbar ist, gibt es ein gemeinsames Modell aller Formeln $A_1, A_2, \ldots$

Wir beweisen — nur scheinbar allgemeiner —, daß für eine Folge unableitbarer Implikationen

$$(11.5) \qquad A_1 \prec B_1, \; A_1 \wedge A_2 \prec B_1 \vee B_2, \\ A_1 \wedge A_2 \wedge A_3 \prec B_1 \vee B_2 \vee B_3, \ldots$$

eine Interpretation existiert, die allen Formeln $A_1, A_2, \ldots$ den Wert $\curlyvee$, allen Formeln $B_1, B_2, \ldots$ den Wert $\curlywedge$ zuordnet. Wir suchen dazu zunächst aus einem speziellen Stammbaum von $A_1 \prec B_1$ eine Stammlinie — etwa bis $A_1^{(l_1)} \prec B_1^{(l_1)}$ — derart, daß alle Implikationen $A_1^{(l)} \wedge A_2 \wedge \ldots \wedge A_n \prec B_1^{(l)} \vee B_2 \vee \ldots \vee B_n$ $(l \leq l_1)$ unableitbar sind. Bei einer Verzweigung des

Stammbaumes ist diese Bedingung stets für mindestens eine der Prämissen erfüllt, da sonst von einem gewissen n an alle Implikationen von (11.5) ableitbar wären. Wir wählen l_1 so groß, daß die Stammlinie mindestens eine kritische Implikation mit allen ihren gemäß G6 gebildeten Prämissen enthält. Führt die Stammlinie zu keiner kritischen Implikation, sondern zu einer primitiven Implikation, so lassen wir die Stammlinie mit dieser enden.

Anschließend wird das Verfahren wiederholt, jetzt von $A_1^{(l_1)} \wedge A_2 \prec B_1^{(l_1)} \vee B_2$ statt von $A_1 \prec B_1$ ausgehend. Die neue Stammlinie führe zu $A_2^{(l_2)} \prec B_2^{(l_2)}$. Dann wird von $A_2^{(l_2)} \wedge A_3 \prec B_2^{(l_2)} \vee B_3$ ausgegangen usw. Die durch dieses — an das CAUCHYsche Diagonalverfahren erinnernde — Verfahren entstehende Folge von (endlichen) Stammlinien liefert schließlich die gewünschte Interpretation auf dieselbe Weise wie eine unendliche Stammlinie einer Implikation eine Widerlegung dieser Implikation liefert.

Eine Folgerung, die diese Verallgemeinerung des GÖDELschen Satzes sofort liefert, läßt sich bemerkenswerter Weise unabhängig von der Kalkülisierung formulieren als *„Endlichkeitssatz"*:

Sind je endlich viele Formeln einer Klasse gemeinsam erfüllbar, so sind alle Formeln der Klasse gemeinsam erfüllbar.

Dieser Endlichkeitssatz ist eines der wesentlichen Hilfsmittel, mit dem in der von TARSKI 1948 und ROBINSON 1951 begründeten *„Metamathematik der Algebra"* die moderne Logik für die axiomatische Mathematik fruchtbar gemacht worden ist. Es ist kein Beweis des Endlichkeitssatzes bekannt, der ohne Rückgriff auf den Vollständigkeitssatz auskommt.

Im Gegensatz zur Junktorenlogik liefern die Stammbäume keine Entscheidung über die quantorenlogische Ableitbarkeit, weil man nicht entscheiden kann, ob alle Stammlinien abbrechen. *Daß kein Entscheidungsverfahren für den Quantorenkalkül existiert,* ist der Inhalt des *Unentscheidbarkeitssatzes* von CHURCH 1936.

Ein Entscheidungsverfahren über die Ableitbarkeit quantorenlogischer Formeln kann es hiernach nur bei Beschränkung auf spezielle Klassen von Formeln geben (vgl. ACKERMANN 1955). Hier sei für die klassische Quantorenlogik der einfachste Fall behandelt, in dem die Formeln nur aus einstelligen Primformeln zusammengesetzt sind. Ist A eine solche Formel, so gilt nämlich, daß A schon dann allgemeingültig ist, wenn A für alle Objektklassen mit höchstens 2^n (n sei die Anzahl der in A vorkommenden Kernsymbole) Objekten allgemeingültig ist. Zum Beweis dieser Behauptung sei A verwerfbar für eine beliebige Klasse von Objekten. $\varphi_1, \ldots, \varphi_n$ seien die logischen Funktionen, mit denen die vorkommenden Kernsymbole $a_1, \ldots, a_n$ zur Verwerfung belegt werden Jedes Objekt $\mathfrak{x}$ erzeugt ein n-gliedriges System von Werten $\varphi_1 ' \mathfrak{x}, \varphi_2 ' \mathfrak{x}, \ldots, \varphi_n ' \mathfrak{x}$. Da es höchstens 2^n solche Systeme gibt, können wir für jedes der auftretenden Systeme ein Objekt $\mathfrak{x}$ auswählen, das dieses System erzeugt. Damit erhalten wir höchstens 2^n ausgewählte Objekte. Beschränken wir die logischen Funktionen $\varphi_1, \ldots, \varphi_n$ jetzt auf diese ausgewählten Objekte als Argumente, so entsteht eine Interpretation von A über einer endlichen Objektklasse. A wird auch bei dieser Interpretation der Wert $\curlywedge$ zugeordnet. Für jede nur mit $a_1, \ldots, a_n$ zusammengesetzte Formel ändert sich nämlich der zugeordnete Wert nicht, wie sich durch Teilformelinduktion ergibt. Für Primformeln ist diese Behauptung trivial, und gilt sie z. B. für B (x), so folgt sie sofort für $\bigwedge_x B$ (x) und $\bigvee_x B$ (x).

Für eine endliche Objektklasse reduziert sich die Frage der Allgemeingültigkeit ersichtlich auf die klassisch-junktorenlogische Entscheidbarkeit.

Schon beim Auftreten zweistelliger Primformeln versagt dieses Entscheidungsverfahren. Der CHURCHsche Unentscheidbarkeitssatz läßt sich folgendermaßen formulieren:

Die Klasse der im (klassischen oder effektiven) Quantorenkalkül nicht ableitbaren quantorenlogischen Formeln ist nicht aufzählbar.

Da schon bewiesen ist, daß es Kalküle gibt, die unentscheidbar sind, läßt sich der CHURCHsche Satz dadurch erhalten, daß man die Theorie eines unentscheidbaren Kalküls *K* *„axiomatisiert"*. D. h. man stellt quantorenlogische Formeln auf, die bei Ersetzung ihrer Primformeln durch Formeln aus der Theorie von *K*, z. B.

$$\vdash_K x, \qquad x\,y = z$$

(x, y, . . . seien Variable für Figuren von *K*)

in gültige Aussagen über *K* übergehen. Eine Konjunktion *C* solcher Formeln mit einer Belegung der Kernsymbole der vorkommenden Primformeln durch *„Begriffe"* aus der Theorie von *K* heißt ein *konsistentes Axiomensystem* der Theorie von *K*. Ist *C* außerdem so gewählt, daß für jede ableitbare Figur $\mathfrak{x}$ diejenige quantorenlogische Formel $A_{\mathfrak{x}}$, die bei der zu *C* gehörigen Belegung in $\vdash_K \mathfrak{x}$ übergeht, von *C* logisch impliziert wird, dann heißt *C* ein *adäquates* Axiomensystem (genauer: adäquat bezüglich der Ableitbarkeit) der Theorie von *K*. Wenn man sich nun davon überzeugt, daß es ein adäquates Axiomensystem *C* der Theorie von *K* gibt, dann ist damit bewiesen, daß $\mathfrak{x}$ genau dann in *K* ableitbar ist, wenn $C \prec A_{\mathfrak{x}}$ eine effektiv-logische Implikation ist (für die klassische Logik siehe KLEENE 1952, Theorem 51, § 79). Wäre dann der Quantorenkalkül entscheidbar, so wäre auch die Ableitbarkeit der Implikationen $C \prec A_{\mathfrak{x}}$ entscheidbar und damit die Frage nach der Ableitbarkeit von $\mathfrak{x}$ in *K*, d. h. *K* wäre entscheidbar.

Der Beweis des CHURCHschen Satzes für die effektive Logik erfordert also nur noch eine adäquate Axiomatisierung der Theorie eines unentscheidbaren Kalküls.

Als Primformeln wählen wir $\vdash (x)$ (Ableitbarkeit) und $x = y$ (Gleichheit), außerdem benutzen wir in der Theorie von *K* als Grundbegriff die *Verkettung*, also die Funktion, die zwei Figuren $\mathfrak{x}$ und $\mathfrak{y}$ als Argumenten die Figur $\mathfrak{x}\,\mathfrak{y}$ als Wert zuordnet. Im Axiomensystem stellen wir diese Funktion durch den Term $(\mathfrak{x}\mathfrak{y})$ dar. Die Atomfiguren $\mathfrak{u}_1, \mathfrak{u}_2, \ldots$ von *K* stellen wir im Axiomensystem durch eineindeutig zugeordnete konstante Terme $u_1, u_2, \ldots$ dar. *Gleichheit, Terme* und *Funktionen* werden wir systematisch erst in Kapitel VI besprechen; zur Vereinfachung der Axiomatisierung wird aber schon hier davon Gebrauch gemacht. Für jeden Kalkül *K* stellen wir die folgenden Axiome auf:

$$\text{I.}\begin{cases} x = x \\ x = z \wedge y = z \rightarrow x = y \\ x_1 = x_2 \wedge y_1 = y_2 \rightarrow (x_1 y_1) = (x_2 y_2) \\ x = y \wedge \vdash (x) \rightarrow \vdash (y) \end{cases}$$

$$\text{II.} \qquad (x\,(yz)) = ((xy)\,z)$$

Hat der Kalkül *K* die Regeln

$$\begin{matrix} \mathfrak{A}_{11}, \mathfrak{A}_{12}, \ldots \rightarrow \mathfrak{A}_1 \\ \mathfrak{A}_{21}, \mathfrak{A}_{22}, \ldots \rightarrow \mathfrak{A}_2 \\ \vdots \end{matrix}$$

so bilden wir dazu das System von Axiomen

$$\text{III.}\begin{cases} \vdash (\underline{\mathfrak{A}}_{11}) \wedge \vdash (\underline{\mathfrak{A}}_{12}) \wedge \ldots \rightarrow \vdash (\underline{\mathfrak{A}}_1) \\ \vdash (\underline{\mathfrak{A}}_{21}) \wedge \vdash (\underline{\mathfrak{A}}_{22}) \wedge \ldots \rightarrow \vdash (\underline{\mathfrak{A}}_2) \\ \qquad\qquad\qquad \vdots \end{cases}$$

wobei für jede Formel $\mathfrak{A}$ der Theorie von K ein zugehöriger Term $\underline{\mathfrak{A}}$ verwendet wird, der folgendermaßen zu definieren ist:

(1) Für die Atomfiguren $\mathfrak{u}_j$ ist $\underline{\mathfrak{u}_j}$ das zugeordnete Symbol u_j.

(2) Für die Figurenvariablen x ist $\underline{x}$ eine Variable, die im Axiomensystem als Objektvariable fungiert.

(3) Für eine durch Verkettung zusammengesetzte Formel $\mathfrak{A}\mathfrak{B}$ ist $\underline{\mathfrak{A}\mathfrak{B}}$ der Term $(\underline{\mathfrak{A}}\ \underline{\mathfrak{B}})$.

Hierbei ist in (3) gleichgültig, in welcher Reihenfolge eine Figur $\mathfrak{A}\ \mathfrak{B}\ \mathfrak{C}$ zusammengesetzt wird. Für die entstehenden Terme gilt nämlich nach II.:

$$((\underline{\mathfrak{A}}\ \underline{\mathfrak{B}})\ \underline{\mathfrak{C}}) = (\underline{\mathfrak{A}}\ (\underline{\mathfrak{B}}\ \underline{\mathfrak{C}})),$$

und gleiche Terme sind nach I. in jeder Formel gegenseitig ersetzbar.

Ersichtlich ist das durch Konjunktion von I.—III. entstehende Axiomensystem C_0 (bezüglich der Ableitbarkeit) adäquat. Denn eine Ableitung von $\mathfrak{x}$ im Kalkül liefert sofort eine Ableitung von $C_0 \prec \vdash (\underline{\mathfrak{x}})$. C_0 ist allerdings — wegen der Verwendung der Terme u_1, u_2, . . . und (xy) — kein Axiomensystem, das mit den Mitteln der Quantorenlogik formuliert ist. In Kap. VI werden wir jedoch zeigen, daß die Verwendung von Termen stets durch solche Mittel zu ersetzen ist. Nach Ausfüllung dieser Lücke wird der CHURCHsche Satz für die effektive Quantorenlogik dann bewiesen sein.

Das Axiomensystem C_0 liefert zugleich ein Beispiel eines *absolut-unvollständigen Systems,* d. h. eines Systems, für das es nur aus den in C_0 vorkommenden Kernsymbolen zusammengesetzte Formeln A gibt, so daß weder A noch $\overline{A}$ von C_0 quantorenlogisch impliziert wird. Für jedes Axiomensystem C ist nämlich die Klasse der Formeln A, für die $C \prec \overline{A}$ quantorenlogisch ableitbar ist, aufzählbar. Bei absoluter Vollständigkeit von C wäre also auch die Klasse der Formeln A, für die $C \prec A$ nicht ableitbar ist, aufzählbar. Ist $A_{\mathfrak{x}}$ die Formel, die bei Interpretation in $\vdash_K \mathfrak{x}$ übergeht, so wäre auch die Klasse der Formeln $A_{\mathfrak{x}}$, für die $C \prec A_{\mathfrak{x}}$ nicht ableitbar ist, aufzählbar, d. h. bei Adäquatheit von C wäre die Klasse der Figuren $\mathfrak{x}$, für die $\vdash_K \mathfrak{x}$ nicht gilt, aufzählbar: K wäre entscheidbar.

Als Resultat erhalten wir damit den allgemeinen GÖDELschen *Unvollständigkeitssatz:*

Kein adäquates Axiomensystem der Theorie eines unentscheidbaren Kalküls ist absolut-vollständig.

Für Axiomatisierungen der *Arithmetik* und der *Mengenlehre (höhere Prädikatenlogik),* die die Theorien aller Kalküle umfassen, gelten entsprechende *Unvollständigkeitssätze* (GÖDEL 1931).

Die Objekte dieser Theorien, die Zahlen und Mengen, lassen sich daher nicht axiomatisch kennzeichnen. Es gilt nämlich:

Jedes absolut-unvollständige Axiomensystem C einer Theorie T hat pathologische Modelle, d. h. es gibt Modelle, für die in T nicht gültige Formeln gelten (SKOLEM 1933). Wird nämlich weder A noch $\overline{A}$ von C impliziert, so sind $C \wedge A$ und $C \wedge \overline{A}$ absolut-konsistent, d. h. es gibt ein Modell von C, für das A gilt, und ein Modell von C, für das $\overline{A}$ gilt. Mindestens eines dieser Modelle ist pathologisch. Umgekehrt hat ein konsistentes absolut-vollständiges Axiomensystem natürlich keine pathologischen Modelle.

VI. Logik der Gleichheit

§ 12 Kennzeichnungen

Definiert man für Eigennamen $\mathfrak{s}, \mathfrak{t}, \ldots$ eine 2-stellige Relation $=$ dadurch, daß man $\mathfrak{s} = \mathfrak{t}$ setzt, wenn $\mathfrak{s}$ und $\mathfrak{t}$ denselben Gegenstand bezeichnen, so gilt für jeden Eigennamen

(12.1) $\mathfrak{s} = \mathfrak{s}$ *(Totale Reflexivität)*

Für jede Aussageform $\mathfrak{A}(s)$, die bei Ersetzung der Variablen s durch einen Eigennamen $\mathfrak{s}$ etwas über den durch „$\mathfrak{s}$" bezeichneten Gegenstand (statt nur über den Namen $\mathfrak{s}$) aussagt, gilt außerdem

(12.2) wenn $\mathfrak{s} = \mathfrak{t}$ und $\mathfrak{A}(\mathfrak{s})$, dann $\mathfrak{A}(\mathfrak{t})$

Speziell erfüllt die Formel $s = \mathfrak{u}$ für jeden Eigennamen $\mathfrak{u}$ diese Bedingung. $\mathfrak{s} = \mathfrak{u}$ sagt ja aus, daß der durch „$\mathfrak{s}$" bezeichnete Gegenstand mit dem durch „$\mathfrak{u}$" bezeichneten Gegenstand *identisch* ist. Aus (12.2) folgt daher

(12.3) wenn $\mathfrak{s} = \mathfrak{t}$ und $\mathfrak{s} = \mathfrak{u}$, dann $\mathfrak{t} = \mathfrak{u}$.

Dies ist die bekannte Regel: *Sind zwei Größen* ($\mathfrak{t}$ und $\mathfrak{u}$) *einer dritten* ($\mathfrak{s}$) *gleich, so sind sie untereinander gleich.* Diese Regel werde die *Komparativitätsregel* (vgl. *tertium comparationis)* genannt.

Es ist daher verständlich, daß eine *Gleichheit* $=$, für die

(12.4) $x = x$

(12.5) $x = y \wedge \mathfrak{A}(x) \rightarrow \mathfrak{A}(y)$

(x frei für y in $\mathfrak{A}(x)$)

gilt, in jeder mathematischen Theorie verwendet wird. Dabei ist $\mathfrak{A}(x)$ eine beliebige in der Theorie auftretende Formel. Statt $\overline{x = y}$ wird $x \neq y$ geschrieben. Die Gleichheit ist durch (12.4) und (12.5) eindeutig bestimmt: erfüllen zwei Relationen $=_1$ und $=_2$ diese Forderungen, so folgt sofort

$$x =_1 y \longleftrightarrow x =_2 y$$

Die Aufgabe der „*Logik der Gleichheit*" ist es, die Auswirkungen der Verwendung dieser Gleichheit zu untersuchen — unabhängig von dem Inhalt der Theorie.

Es ist dazu nicht erforderlich, die Frage zu erörtern, was sinnvoller Weise eine „*mathematische Theorie*" zu heißen verdient. Es genügt vielmehr nach TARSKI 1930, einige Mindestforderungen, die an eine solche Theorie zu stellen sind, zu formulieren.

(1) Gegenstand der *Theorie* sollen Objekte sein, zu deren Bezeichnung die Theorie eine Klasse von *Konstanten* $\mathfrak{u}$, $\mathfrak{v}$, ... liefert. Es braucht aber weder für jedes Objekt mindestens eine Konstante vorhanden zu sein noch für jedes Objekt höchstens eine.

(2) Die Theorie liefert gewisse *Primformeln*, und zwar

(2.1) *Primaussagen* ohne freie Variable: $\mathfrak{a}$, $\mathfrak{b}$, ...

(2.2) *Primaussageformen* mit freien Variablen x, y, ... für Objekte:

$\mathfrak{a}(x)$, $\mathfrak{b}(x)$, ... $\mathfrak{a}(x, y)$, $\mathfrak{b}(x, y)$, ..., ..

(2.3) $x = y$

Formeln heißen dann alle Figuren, die mit Hilfe der logischen Partikeln aus Primformeln zusammengesetzt sind, einschließlich derjenigen, die bei Ersetzungen von freien Variablen durch Konstante entstehen.

(3) Die Theorie liefert schließlich eine Klasse von *Sätzen*. Jeder Satz ist eine Formel. Die Klasse der Sätze enthält:

(3.1) $x = x$

$x = y \wedge \mathfrak{A}(x) \rightarrow \mathfrak{A}(y)$ für jede Formel $\mathfrak{A}(x)$, in der x frei für y ist.

(3.2) mit endlich vielen Sätzen $\mathfrak{A}_1, \mathfrak{A}_2, \ldots$ auch jede von ihnen quantorenlogisch implizierte Formel.

(3.3) Mit einem Satz $\mathfrak{A}(x)$ auch $\mathfrak{A}(\mathfrak{u})$ für jede Konstante $\mathfrak{u}$.

Ein Tripel *T*, bestehend aus einer Klasse von Konstanten, einer Klasse von Formeln und einer Klasse von Sätzen, das den obigen Bedingungen genügt, möge eine *„formale Theorie"* heißen. Es kann dabei sowohl die effektive als auch die klassische Quantorenlogik zu Grunde gelegt werden.

Ist eine Formel $\mathfrak{A}$ ein Satz von *T*, so sagen wir kurz: „$\mathfrak{A}$ *gilt* (in *T*)".

Durch die Einbeziehung der Gleichheit ist die Möglichkeit vorhanden, auch *numerische Quantifizierungen*, wie „für mindestens 2 Objekte x" oder „für genau 3 Objekte x", auszudrücken. Wir setzen

$$\overset{2}{\bigvee}_x \mathfrak{C}(x) \leftrightharpoons \bigvee_{\substack{x_1, x_2 \\ x_1 \neq x_2}} . \mathfrak{C}(x_1) \wedge \mathfrak{C}(x_2) .$$

$$\overset{3}{\bigvee}_x \mathfrak{C}(x) \leftrightharpoons \bigvee_{\substack{x_1, x_2, x_3 \\ x_1 \neq x_2,\, x_1 \neq x_3,\, x_2 \neq x_3}} . \mathfrak{C}(x_1) \wedge \mathfrak{C}(x_2) \wedge \mathfrak{C}(x_3).$$

Für jede Grundzahl *n* läßt sich so $\overset{n}{\bigvee}_x$ (für mindestens *n* Objekte x) definieren. Das Dual von $\overset{n}{\bigvee}_x \mathfrak{C}(x)$ sei mit $\overset{n}{\bigwedge}_x \mathfrak{C}(x)$ bezeichnet, z. B.

$$\overset{2}{\bigwedge}_x \mathfrak{C}(x) \leftrightharpoons \bigwedge_{\substack{x_1, x_2 \\ x_1 \neq x_2}} . \mathfrak{C}(x_1) \vee \mathfrak{C}(x_2).$$

$\overset{n}{\bigwedge}_x \mathfrak{C}(x)$ kann durch: „für *n*-fast alle x (d. h. keine *n* Ausnahmen) $\mathfrak{C}(x)$" wiedergegeben werden. „Für genau n Objekte x: $\mathfrak{C}(x)$ ist dann auszudrücken durch $\overset{n}{\bigvee_x} \mathfrak{C}(x) \wedge \overset{n+1}{\bigwedge_x} \overline{\mathfrak{C}(x)}$, z. B. „für genau ein Objekt x: $\mathfrak{C}(x)$" durch $\bigvee_x \mathfrak{C}(x) \wedge \overset{2}{\bigwedge_x} \overline{\mathfrak{C}(x)}$, was mit

(12.6) $\quad \bigvee_x \mathfrak{C}(x)$

(12.7) $\quad \bigwedge_{x,y} . \mathfrak{C}(x) \wedge \mathfrak{C}(y) \rightarrow x = y.$

und auch mit $\bigvee_x \bigwedge_y . \mathfrak{C}(y) \longleftrightarrow y = x.$ gleichwertig ist.

Wir legen für das Folgende eine beliebige formale Theorie T zugrunde und wollen die Möglichkeit zeigen, T so zu einer formalen Theorie zu erweitern, daß für eine Formel $\mathfrak{C}(x)$ mit (12.6) — (12.7) eine Konstante $\mathfrak{u}$ mit

(12.8) $\quad \mathfrak{C}(\mathfrak{u})$

vorhanden ist. Die *natürlichen Sprachen* leisten diese *Kennzeichnung* mit dem bestimmten Artikel: „das x, für das $\mathfrak{C}(x)$ gilt". Die Möglichkeit in formalen Theorien Kennzeichnungen einzuführen ist von FREGE entdeckt und dann in den *Principia Mathematica* und in HILBERT-BERNAYS 1934 entwickelt worden.

Gäbe es eine Konstante $\mathfrak{u}$ mit (12.8) in der Theorie T, so würde für jede Formel $\mathfrak{A}(x)$ gelten

(12.9) $$\mathfrak{A}(\mathfrak{u}) \longleftrightarrow \underset{\mathfrak{C}(x)}{\bigvee_x} \mathfrak{A}(x)$$

Denn einerseits gilt $\mathfrak{A}(\mathfrak{u}) \wedge \mathfrak{C}(\mathfrak{u}) \rightarrow \bigvee_x . \mathfrak{C}(x) \wedge \mathfrak{A}(x).$,

andererseits gilt $\quad \mathfrak{C}(x) \wedge \mathfrak{C}(\mathfrak{u}) \rightarrow x = \mathfrak{u}$

also $\quad \mathfrak{A}(x) \wedge \mathfrak{C}(x) \wedge \mathfrak{C}(\mathfrak{u}) \rightarrow \mathfrak{A}(\mathfrak{u})$

und $\quad \mathfrak{C}(\mathfrak{u}) \wedge \bigvee_x . \mathfrak{C}(x) \wedge \mathfrak{A}(x). \rightarrow \mathfrak{A}(\mathfrak{u})$

Gibt es keine Konstante $\mathfrak{u}$ mit $\mathfrak{C}(\mathfrak{u})$, so legt (12.9) nahe, die Aussagen über dasjenige x, für das $\mathfrak{C}(x)$

gilt, zu ersetzen durch $\underset{\mathfrak{C}(x)}{\bigvee_x} \mathfrak{A}(x)$. Wir versuchen daher (im Anschluß an PEANOS $\iota =$ ἴσος), eine neue Figur — genannt ein *ι-Term* — der Gestalt $\iota_x \mathfrak{C}(x)$ als Konstante einzuführen. Gemäß (12.9) definieren wir für Primformeln $\mathfrak{a}(x)$:

$$(12.10) \qquad \mathfrak{a}(\iota_x \mathfrak{C}(x)) \leftrightharpoons \underset{\mathfrak{C}(x)}{\bigvee_x} \mathfrak{a}(x)$$

Auf Grund von (12.6)—(12.7) gilt, wie leicht zu sehen ist,

$$\underset{\mathfrak{C}(x)}{\bigvee_x} \mathfrak{A}(x) \longleftrightarrow \underset{\mathfrak{C}(x)}{\bigwedge_x} \mathfrak{A}(x),$$

so daß $\mathfrak{a}(\iota_x \mathfrak{C}(x))$ also auch durch $\underset{\mathfrak{C}(x)}{\bigwedge_x} \mathfrak{a}(x)$ definiert werden könnte — was gelegentlich bequemer ist.

Durch (12.10) wird nicht die *Bedeutung* von $\iota_x \mathfrak{C}(x)$ definiert — das kann ja nicht geleistet werden —, sondern es wird nur für jede Primformel, in der $\iota_x \mathfrak{C}(x)$ vorkommt, definiert, für welche Formel von *T* diese neue Primformel stehen soll.

Als Spezialfall erhält man

$$\iota_x \mathfrak{C}(x) = y \longleftrightarrow \underset{\mathfrak{C}(x)}{\bigvee_x} x = y,$$

also

$$(12.11) \qquad \iota_x \mathfrak{C}(x) = y \longleftrightarrow \mathfrak{C}(y)$$

Wird $\iota_x \mathfrak{C}(x)$ in zusammengesetzte Formeln von *T* eingesetzt, z. B.

$$\mathfrak{a}_1(\iota_x \mathfrak{C}(x), y) \wedge \mathfrak{a}_2(z, \iota_x \mathfrak{C}(x)),$$

so ist für alle vorkommenden Primformeln die Definition (12.10) anzuwenden. Aus dieser Definition folgt dann, daß auch für zusammengesetzte Formeln gilt

$$(12.12) \qquad \mathfrak{A}(\iota_x \mathfrak{C}(x)) \longleftrightarrow \underset{\mathfrak{C}(x)}{\bigvee_x} \mathfrak{A}(x)$$

Man hat dazu zu beweisen, daß z. B. für die Konjunktion eine Äquivalenz

$$(12.13) \qquad \bigvee_{\substack{x\\ \mathfrak{C}(x)}} \mathfrak{A}_1(x) \wedge \bigvee_{\substack{x\\ \mathfrak{C}(x)}} \mathfrak{A}_2(x) \longleftrightarrow \bigvee_{\substack{x\\ \mathfrak{C}(x)}} . \mathfrak{A}_1(x) \wedge \mathfrak{A}_2(x).$$

— und entsprechende Äquivalenzen für die anderen Partikeln — gelten, wenn (12.12) für die Formeln $\mathfrak{A}_1(x)$ und $\mathfrak{A}_2(x)$ schon als gültig angenommen wird. Geht man hypothetisch von der Formel $\mathfrak{C}(x)$ aus, so folgt, daß in (12.13) beide Seiten äquivalent zu $\mathfrak{A}_1(x) \wedge \mathfrak{A}_2(x)$ sind, also auch die Äquivalenz der beiden Seiten untereinander. Wegen (12.6) gilt daher (12.13) auch ohne die Hypothese $\mathfrak{C}(x)$.

Aus (12.12) folgt, daß $\mathfrak{A}(\iota_x \mathfrak{C}(x))$ immer gilt, wenn die Formel $\mathfrak{A}(x)$ mit der freien Variablen x gilt. Denn aus $\bigwedge_x \mathfrak{A}(x)$ folgt wegen (12.6) sofort $\bigvee_x . \mathfrak{C}(x) \wedge \mathfrak{A}(x)$.

Dies zeigt, daß die ι-Terme tatsächlich als neue Konstante benutzt werden können (vgl. (3.3) auf S. 139).

Vorausgesetzt war bisher allerdings, daß die Formel $\mathfrak{C}(x)$ außer x keine freie Variable enthielt. Läßt man diese Voraussetzung fallen — es sei z. B. $\mathfrak{C}(x, y)$ eine Formel mit zwei freien Variablen, für die gelte

$$\bigvee_x \mathfrak{C}(x, y) \wedge \overset{2}{\bigwedge_x} \overline{\mathfrak{C}(x, y)},$$

— so entsteht durch Bildung von $\iota_x \mathfrak{C}(x, y)$ ein ι-Term, der noch freie Variablen enthält. Ersetzt man in einer Formel $\mathfrak{A}(x)$ zunächst x durch $\iota_x \mathfrak{C}(x, y)$, so entsteht eine Formel $\mathfrak{A}(\iota_x \mathfrak{C}(x, y))$, in der nochmals y durch einen ι-Term ersetzt werden kann, so daß *ineinandergeschachtelte* ι-Terme entstehen. Die Definition (12.10) ist für Primformeln mit ineinandergeschachtelten ι-Termen dann so anzuwenden, daß zunächst *die* ι-Terme zu *eliminieren* sind, die als *innerste* auftreten. Die

Gültigkeit von (12.12) wird dadurch nicht berührt. Ist nämlich z. B.

$$\mathfrak{A}(\iota_x \mathfrak{C}_1(x, y)) \longleftrightarrow \bigvee_{\substack{x \\ \mathfrak{C}_1(x,y)}} \mathfrak{A}(x)$$

schon bewiesen, so folgt aus

$$\mathfrak{A}(\iota_x \mathfrak{C}_1(x, \iota_y \mathfrak{C}_2(y))) \longleftrightarrow \bigvee_{\substack{y \\ \mathfrak{C}_2(y)}} \mathfrak{A}(\iota_x \mathfrak{C}_1(x, y))$$

sofort

$$\mathfrak{A}(\iota_x \mathfrak{C}_1(x, \iota_y \mathfrak{C}_2(y))) \longleftrightarrow \bigvee_{\substack{y \\ \mathfrak{C}_2(y)}} \bigvee_{\substack{x \\ \mathfrak{C}_1(x,y)}} \mathfrak{A}(x),$$

und hier ist die rechte Seite äquivalent zu

$$\bigvee_{\substack{y \\ \mathfrak{C}_2(y)}} \bigvee_x . \mathfrak{C}_1(x, y) \wedge \mathfrak{A}(x).$$

und damit — nach evtl. Umbenennung der gebundenen Variablen — zu

$$\bigvee_x . \bigvee_{\substack{y \\ \mathfrak{C}_2(y)}} \mathfrak{C}_1(x, y) \wedge \mathfrak{A}(x).$$

also zu $\bigvee_x . \mathfrak{C}_1(x, \iota_y \mathfrak{C}_2(y)) \wedge \mathfrak{A}(x)$. und $\bigvee_{\substack{x \\ \mathfrak{C}_1(x, \iota_y \mathfrak{C}_2(y))}} \mathfrak{A}(x)$.

Wenn wir die ι-Terme, die keine freien Variablen enthalten, als Konstanten einführen, so sind die ι-Terme mit freien Variablen Figuren, die bei Ersetzung der vorkommenden Variablen durch Konstante in Konstante übergehen. Wir nennen solche Figuren allgemein *Terme*.

In der Theorie eines Kalküls, wie sie in § 11 schon behandelt wurde, treten z. B. als Primformeln $x\,y = z$ auf. Hierin ist xy ein Term. Ersetzung von x und y durch Konstanten $\mathfrak{u}$ und $\mathfrak{v}$ ergibt die Konstante $\mathfrak{u}\mathfrak{v}$.

Neben den *formalen Theorien mit Konstanten*, wie sie bisher definiert wurden, führen wir daher auch *formale Theorien mit Termen* ein, indem wir an Stelle der Klasse der Konstanten eine Klasse von *Termen* setzen. Diese soll zunächst *Primterme* enthalten, nämlich

(1.1) Primkonstanten $\mathfrak{u}, \mathfrak{v}, \ldots$ ohne freie Variable

(1.2) Primterme $\mathfrak{u}$ (x), $\mathfrak{v}$ (x), ...
$\mathfrak{u}_1$ (x, y), $\mathfrak{v}_2$ (x, y), ...

einschließlich der Variablen x, y, ...

und ferner mit jedem Term auch alle Figuren, die bei Ersetzungen von freien Variablen durch Terme entstehen.

Für die Klasse der Formeln bzw. Sätze ist zu fordern, daß mit $\mathfrak{A}$ (x) stets auch $\mathfrak{A}$ ($\mathfrak{U}$) für jeden Term $\mathfrak{U}$ eine Formel bzw. ein Satz ist, für den x frei ist.

Wir benutzen $\mathfrak{U}, \mathfrak{B}, \ldots$ als Metavariable für Terme. Kommen in einem Term evtl. freie Objektvariable vor, so verwenden wir entsprechend $\mathfrak{U}$ (x), $\mathfrak{B}$ (x, y), ...

Die Einführung von ι-Termen ist auch in formalen Theorien mit Termen wie bisher möglich. Da für jeden Term $\mathfrak{U}$ die Formel $x = \mathfrak{U}$ die Bedingungen (12.6) und (12.7) erfüllt (aus $\mathfrak{U} = \mathfrak{U}$ folgt nämlich $\bigvee_x x = \mathfrak{U}$), ergibt sich die Darstellbarkeit von $\mathfrak{U}$ durch einen ι-Term: $\mathfrak{U} = \iota_x . x = \mathfrak{U}..$

Die *Eliminierbarkeit* der ι-Terme liefert daher das allgemeinere Resultat, daß eine formale Theorie mit Termen immer auf eine formale Theorie mit Konstanten reduziert werden kann. Die Klasse der Konstanten kann dabei sogar als leer angenommen werden, denn auch für jede Primkonstante $\mathfrak{u}$ gilt ja

$$\mathfrak{u} = \iota_x . x = \mathfrak{u}..$$

§ 13. Abstraktion, Relationen und Funktionen

Aus den *Gleichheitsaxiomen*

$$x = x$$

$$x = y \wedge \mathfrak{A}(x) \to \mathfrak{A}(y)$$

folgt, wie wir gesehen haben:

(13.1) $x = x$

(13.2) $x = y \wedge x = z \to y = z$

Wir nennen eine 2-stellige Relation $\sim$, für die (13.1) und (13.2) mit $\sim$ statt $=$ gilt, eine *totale Gleichheit,* und zwar eine *„abstrakte"* Gleichheit gegenüber der in § 12 behandelten *„konkreten"* Gleichheit $=$. Wird statt der totalen Reflexivität (13.1) nur die *Linksreflexivität*

(13.3) $x \sim y \to x \sim x$

gefordert, so heißt $\sim$ eine *partielle (abstrakte) Gleichheit.* Die Axiome (13.2) — (13.3) sind — wie unmittelbar zu sehen — gleichwertig mit

(13.4) $x \sim y \to y \sim x$ *(Symmetrie)*

(13.5) $x \sim y \wedge y \sim z \to x \sim z$ *(Transitivität)*

Abstrakte Gleichheiten sind in der Mathematik sehr häufig, z. B. liefert jede Abbildung (s. u.) φ eine abstrakte Gleichheit, wenn man setzt

$$x \sim y \leftrightharpoons \varphi \,\text{ı}\, x = \varphi \,\text{ı}\, y$$

Zu jeder partiellen Gleichheit $\sim$ gehört ihre *Reflexivitätsklasse,* d. h. die Klasse der x mit $x \sim x$. Es gibt stets eine totale Gleichheit $\approx$, die für Objekte aus der Reflexivitätsklasse mit $\sim$ übereinstimmt. Man setze nämlich

$$x \approx y \leftrightharpoons x \sim y \vee x = y$$

Wir beschränken uns daher auf totale Gleichheiten $\sim$. Eine Formel $\mathfrak{A}(x)$ einer formalen Theorie T heißt (bzgl. x) *verträglich* mit $\sim$, wenn gilt

$$x \sim y \wedge \mathfrak{A}(x) \rightarrow \mathfrak{A}(y) \tag{13.6}$$

(x frei für y in $\mathfrak{A}(x)$)

Die Klasse der mit $\sim$ verträglichen Formeln enthält — wie die gesamte Formelklasse von T — außer den verträglichen Primformeln alle aus ihnen mit Hilfe der logischen Partikeln zusammengesetzten Formeln, ebenso mit $\mathfrak{A}(z)$ auch $\mathfrak{A}(\mathfrak{u})$ für jede Konstante $\mathfrak{u}$. Durch die Beschränkung auf die mit $\sim$ verträglichen Formeln entsteht daher aus der formalen Theorie T eine weitere Theorie $T_\sim$. An die Stelle der Gleichheit $=$ in T tritt dabei die abstrakte Gleichheit $\sim$. Außer in dem Falle, daß $x \sim y \longleftrightarrow x = y$ gilt (dieser Fall braucht hier nicht mehr behandelt zu werden), unterscheidet sich $T_\sim$ von T, denn die Primformeln $x = y$ sind z. B. unverträglich mit $\sim$ (bzgl. x und y).

Ist T eine formale Theorie mit Termen, so muß auch die Klasse der (nicht-konstanten) Terme eingeengt werden auf die Klasse der mit $\sim$ verträglichen Terme. $\mathfrak{U}(x)$ heiße dabei verträglich mit $\sim$, wenn gilt

$$x \sim y \rightarrow \mathfrak{U}(x) \sim \mathfrak{U}(y) \tag{13.7}$$

Die in § 12 zugrunde liegende Auffassung, daß die Konstanten $\mathfrak{u}, \mathfrak{v}, \ldots$ einer formalen Theorie Namen für die Objekte der Theorie seien — und zwar, daß $\mathfrak{u}$ und $\mathfrak{v}$ dasselbe Objekt bezeichnen, wenn $\mathfrak{u} = \mathfrak{v}$ gilt —, läßt sich auf die neue Theorie $T_\sim$ zunächst nicht übertragen. Man müßte dazu neue Objekte einführen, denn $\mathfrak{u}$ und $\mathfrak{v}$ sollen ja jetzt dasselbe bezeichnen, wenn $\mathfrak{u} \sim \mathfrak{v}$ gilt. Man hilft sich in dieser Situation so, daß man aus den Konstanten von T neue Konstante, etwa durch Überstreichen $\overline{\mathfrak{u}}, \overline{\mathfrak{v}}, \ldots$ bildet. Für die neuen Konstanten wird gesetzt:

(13.8) $$\overline{\mathfrak{u}} = \overline{\mathfrak{v}} \leftrightharpoons \mathfrak{u} \sim \mathfrak{v}$$

Damit sind keine neuen Objekte geschaffen, sondern man ist im wesentlichen nur wieder zu dem gewohnten Gleichheitszeichen zurückgekehrt. Es steht jedoch nichts im Wege, von den neuen Konstanten zu sagen, sie *bezeichneten* neue Objekte, und zwar bezeichneten $\overline{\mathfrak{u}}$ und $\overline{\mathfrak{v}}$ dasselbe Objekt, wenn $\overline{\mathfrak{u}} = \overline{\mathfrak{v}}$ gelte. Diese *„semantische"* Beziehung zwischen Konstanten und Objekten kommt nämlich gar nicht in der formalen Theorie vor. Die Einführung einer solchen *„façon de parler"* von neuen Objekten ist daher unbedenklich. Man sagt, daß die neuen Objekte durch *Abstraktion* entstünden und spricht von ihnen als abstrakten Objekten oder *Abstrakta*. Bei diesem Prozeß der Abstraktion, also dem Übergang von T zu $T_{\sim}$, können aber natürlich auch schon die Objekte von T abstrakt sein.

Die wichtigste Anwendung der Abstraktion in der Logik ist die Einführung von *Relationen* und *Funktionen.*

Wir gehen dazu von einer formalen Theorie mit Termen aus. Wir machen jetzt diese Theorie selbst zum Gegenstand unserer Betrachtung, insbesondere die Klasse der Formeln und die Klasse der Terme. Wir wollen zunächst aus den Formeln durch Abstraktion die *Relationen* gewinnen.

Es seien $\mathfrak{A}(x)$ und $\mathfrak{B}(y)$ Formeln mit einer einzigen freien Variablen. Die Äquivalenz, d. h. die Gültigkeit von

(13.9) $$\bigwedge_z . \mathfrak{A}(z) \longleftrightarrow \mathfrak{B}(z).$$

ist eine totale (abstrakte) Gleichheit.

Als Notation für die zu bildenden Abstrakta empfiehlt sich hier die Verwendung eines Operators, mit dem die in den Formeln vorkommende freie Variable gebunden wird. Für das aus $\mathfrak{A}(x)$ entstehende Abstraktum schreiben wir im Anschluß an PEANO $\varepsilon_x \mathfrak{A}(x)$ an Stelle des RUSSELLschen $\hat{x}\, \mathfrak{A}(x)$.

Wir setzen also:

$$(13.10) \qquad \varepsilon_x \mathfrak{A}(x) = \varepsilon_y \mathfrak{B}(y) \leftrightharpoons \bigwedge_z . \mathfrak{A}(z) \longleftrightarrow \mathfrak{B}(z).$$

Es folgt dann sofort

$$\varepsilon_x \mathfrak{A}(x) = \varepsilon_y \mathfrak{B}(y) \wedge \mathfrak{A}(\mathfrak{u}) \rightarrow \mathfrak{B}(\mathfrak{u})$$

Die Gültigkeit von $\mathfrak{A}(\mathfrak{u})$, d. h. von $\sigma_x \mathfrak{A}(x)[\mathfrak{u}]$ (vgl. S. 105), ist also eine mit der Gleichheit (13.10) verträgliche Aussage über die Formel $\mathfrak{A}(x)$. Wir können daher, wieder das Zeichen ε verwendend, Aussagen über $\varepsilon_x \mathfrak{A}(x)$ definieren durch

$$(13.11) \qquad \mathfrak{u}\, \varepsilon\, \varepsilon_x \mathfrak{A}(x) \leftrightharpoons \mathfrak{A}(\mathfrak{u})$$

Wir nennen die Abstrakta der Formeln mit einer freien Variablen *Klassen* (oder *Mengen*). Diese Abstraktion läßt sich ohne weiteres auf Formeln mit mehreren Variablen erweitern — und führt dann zu den *Relationen*.

$$(13.12) \quad \varepsilon_{x_1,\ldots,x_n} \mathfrak{A}(x_1,\ldots,x_n) = \varepsilon_{y_1,\ldots,y_n} \mathfrak{B}(y_1,\ldots,y_n) \leftrightharpoons \bigwedge_{z_1,\ldots,z_n} . \mathfrak{A}(z_1,\ldots,z_n) \longleftrightarrow \mathfrak{B}(z_1,\ldots,z_n).$$

(13.13)

$$y_1,\ldots,y_n\, \varepsilon\, \varepsilon_{x_1,\ldots,x_n} \mathfrak{A}(x_1,\ldots,x_n) \leftrightharpoons \mathfrak{A}(y_1,\ldots,y_n).$$

$\varepsilon_{x_1,\ldots,x_n} \mathfrak{A}(x_1,\ldots,x_n)$ heißt genauer eine *n-stellige Relation,* die Klassen sind also 1-stellige Relationen.

Geht man von Termen anstatt von Formeln aus, so kommt man entsprechend zu *Funktionen.* So wie die

Relationen *Formelabstrakta* sind, sind Funktionen *Termabstrakta*. Sind $\mathfrak{U}(x), \mathfrak{B}(y), \ldots$ Terme mit genau einer freien Variablen, so betrachten wir die abstrakte Gleichheit

(13.14) $$\wedge_z \mathfrak{U}(z) = \mathfrak{B}(z)$$

und definieren mit einem Operator ι_x (ι wurde von PEANO als umgekehrtes Jota eingeführt — CHURCH benutzt statt dessen λ)

(13.15) $$\iota_x \mathfrak{U}(x) = \iota_y \mathfrak{B}(y) \leftrightharpoons \wedge_z \mathfrak{U}(z) = \mathfrak{B}(z)$$

Hieraus folgt

$$\iota_x \mathfrak{U}(x) = \iota_y \mathfrak{B}(y) \rightarrow \mathfrak{U}(\mathfrak{u}) = \mathfrak{B}(\mathfrak{u}),$$

so daß $\mathfrak{U}(\mathfrak{u})$ ein Term ist, der mit der abstrakten Gleichheit verträglich ist. Es kann daher entsprechend zu (13.11) mit dem Zeichen ι definiert werden

(13.16) $$\iota_x \mathfrak{U}(x)\, \iota\, \mathfrak{u} \leftrightharpoons \mathfrak{U}(\mathfrak{u}).$$

Für Terme $\mathfrak{U}(x)$ mit genau einer freien Variablen heiße $\iota_x \mathfrak{U}(x)$ eine *Abbildung*. Für Terme mit mehreren Variablen wird definiert

(13.17)
$$\iota_{x_1, \ldots, x_n} \mathfrak{U}(x_1, \ldots, x_n) = \iota_{y_1, \ldots, y_n} \mathfrak{B}(y_1, \ldots, y_n)$$
$$\leftrightharpoons \wedge_{z_1, \ldots, z_n} \mathfrak{U}(z_1, \ldots, z_n) = \mathfrak{B}(z_1, \ldots, z_n)$$

(13.18)
$$\iota_{x_1, \ldots, x_n} \mathfrak{U}(x_1, \ldots, x_n)\, \iota\, y_1, \ldots, y_n \leftrightharpoons \mathfrak{U}(y_1, \ldots, y_n)$$

$\iota_{x_1 \ldots x_n} \mathfrak{U}(x_1, \ldots, x_n)$ heißt eine *n-stellige Funktion*.

In der hier verwendeten Terminologie sind Abbildungen also 1-stellige Funktionen.

Man kann die Relationen bzw. Funktionen in Analogie zu § 1 extensionale *Bedeutungen* der Formeln bzw.

Terme nennen. Den Intensionen entsprechende Bedeutungen erhält man z. B. dadurch, daß man Formeln bzw. Terme intensional-gleich nennt, wenn (13.9) bzw. (13.14) logisch-wahr (statt gültig) ist. Die Tabelle am Ende von § 1 kann dann mit „Formel" statt „Prädikat" übernommen werden. Sie ist zu ergänzen durch:

Zeichen		Term	(Einstelliger Term)	Konstante
Bedeutung	Intension	Funktionsbegriff	(Abbildungsbegriff)	Objektbegriff
	Extension	Funktion	(Abbildung)	Objekt

Wir führen jetzt neue Variable ein, und zwar

$\varrho, \sigma, \ldots$ für Relationen

$\varphi, \psi, \ldots$ für Funktionen

Die Gleichheitsdefinitionen (13.10) und (13.15) liefern dann

$$\varrho = \sigma \longleftrightarrow \bigwedge_z . z \,\varepsilon\, \varrho \longleftrightarrow z \,\varepsilon\, \sigma .$$

$$\varphi = \psi \longleftrightarrow \bigwedge_z . \varphi \,\iota\, z = \psi \,\iota\, z .$$

Während in der Mathematik das ε völlig geläufig geworden ist — niemand schreibt (x) ϱ statt x ε ϱ —, verwendet man dort kein Symbol, das an die Stelle von ι treten könnte und schreibt φ (x) statt $\varphi \,\iota\,$ x. Diese Schreibweise kollidiert aber mit dem Gebrauch von Klammern, die das Vorkommen von Variablen in Formeln oder Termen anzeigen.

Für eine 2-stellige Relation ϱ schreiben wir

x ϱ y statt x, y ε ϱ

und für eine 2-stellige Funktion φ entsprechend

x φ y statt $\varphi \,\iota\,$ x, y.

Die Analogie zwischen Relationen und Funktionen hat darin ihre Grenze, daß für eine Konstante $\mathfrak{u}$ nur $\varphi \,\iota\, \mathfrak{u}$

wieder eine Konstante ist, $\mathfrak{u}\, \varepsilon\, \varrho$ ist dagegen eine Formel. Es läßt sich daher nur $\varphi \dot{'}\, \psi '\, x$ bilden, während $x\, \varepsilon\, \varrho\, \dot{\varepsilon}\, \sigma$ sinnlos ist. Nur Funktionen lassen sich also „ineinander setzen" oder *verketten*. Die Verkettung von φ mit ψ bezeichnen wir durch $\varphi '\, \psi$, so daß gilt

$$\varphi '\, \psi \dot{'}\, x = \varphi \dot{'}\, \psi '\, x$$

Hieraus folgt für eine weitere Funktion χ:

$$\varphi '\, \psi \dot{'}\, \chi = \varphi \dot{'}\, \psi '\, \chi .$$

Für Relationen ergeben sich Verknüpfungen, die den logischen Partikeln entsprechen, z. B. wenn wir uns auf den einstelligen Fall beschränken:

$\varrho \cap \sigma = \varepsilon_x . x\, \varepsilon\, \varrho \wedge x\, \varepsilon\, \sigma .$ *(Durchschnitt)*

$\varrho \cup \sigma = \varepsilon_x . x\, \varepsilon\, \varrho \vee x\, \varepsilon\, \sigma .$ *(Vereinigung)*

$\varrho \llcorner \sigma = \varepsilon_x . x\, \varepsilon\, \varrho \llcorner x\, \varepsilon\, \sigma .$ *(Differenz)*

$\varrho \sqcup \sigma = \varepsilon_x . x\, \varepsilon\, \varrho \sqcup x\, \varepsilon\, \sigma .$ *(Boolesche Summe)*

$\overline{\varrho} = \varepsilon_x \overline{x\, \varepsilon\, \varrho} .$ *(Komplement)*

Ausgehend von einer *Klassenform* $\varrho\,(y)$ — also einem Ausdruck mit freien Variablen, der erst bei Ersetzung der Variablen in einen Namen für eine Klasse (Klassenkonstante) übergeht, wie er z. B. aus einer Formel mit zwei Variablen $\mathfrak{A}\,(x, y)$ durch Bildung von $\varepsilon_x\, \mathfrak{A}\,(x, y)$ entsteht — liefern die Quantoren die weiteren Operationen:

$\bigcap_y \varrho\,(y) = \varepsilon_x \bigwedge_y x\, \varepsilon\, \varrho\,(y)$ *(Durchschnitt)*

$\bigcup_y \varrho\,(y) = \varepsilon_x \bigvee_y x\, \varepsilon\, \varrho\,(y)$ *(Vereinigung)*

An die Stelle der Implikation zwischen Formeln tritt schließlich die *Inklusion*

$$\varrho \subseteq \sigma \leftrightharpoons \bigwedge_z . z\, \varepsilon\, \varrho \rightarrow z\, \varepsilon\, \sigma .$$

Der Teil der *Mengenlehre*, der nur Sätze über diese Operationen enthält, ist also nichts als formale Logik in anderer Ausdrucksweise.

Für zweistellige Relationen kommen als wichtigste die schon in Kap. I aufgetretenen Operationen der *Konversion* und *Multiplikation* hinzu:

$$\tilde{\varrho} \leftrightharpoons \varepsilon_{x,y}\, y \varrho x$$

$$\varrho \mid \sigma \leftrightharpoons \varepsilon_{x,z} \bigvee_y .\, x \varrho y \wedge y \sigma z.$$

Die in Kap. I bewiesenen Gleichungen

$\varrho \mid \sigma \mid \tau = \varrho \mid \sigma \mid \tau$ und $\widetilde{\varrho \mid \sigma} = \tilde{\sigma} \mid \tilde{\varrho}$

erweisen sich so als quantorenlogische Sätze.

Die *Transitivität* einer zweistelligen Relation τ, d. h.

$$x \tau y \wedge y \tau z \rightarrow x \tau z$$

läßt sich jetzt durch $\tau \mid \tau \subseteq \tau$ wiedergeben, die *Symmetrie* $x \tau y \rightarrow y \tau x$ durch $\tau \subseteq \tilde{\tau}$.

Von der *„Logik der Relationen"* sei hier nur die in der *Algebra* wichtige *Modularität* behandelt,

(13.19) wenn $\varrho \subseteq \tau$, dann $\varrho \mid \sigma \cap \tau = \varrho \mid \sigma \cap \tau$,

die für partielle Gleichheiten τ und beliebige zweistellige Relationen ϱ, σ gilt ($\cap$ sei bindungsschwächer als $\mid$).

Dem Beweis schicken wir eine für beliebige zweistellige Relationen ϱ, σ, τ gültige Inklusion (SCHRÖDER 1895) voraus:

(13.20) $\varrho \mid \sigma \cap \tau \subseteq \varrho \cap \tau \mid \tilde{\sigma} \mid \sigma \cap \tilde{\varrho} \mid \tau$

Diese Inklusion folgt aus

$$\begin{aligned} x \varrho \mid \sigma z \wedge x \tau z &\longleftrightarrow \bigvee_y .\, x \varrho y \wedge y \sigma z .\wedge x \tau z \\ &\longleftrightarrow \bigvee_y .\, x \varrho y \wedge y \sigma z \wedge x \tau z. \\ &\longleftrightarrow \bigvee_y .\, x \varrho y \wedge x \tau z \wedge z \tilde{\sigma} y \wedge y \sigma z \wedge y \tilde{\varrho} x \wedge x \tau z. \\ &\rightarrow \bigvee_y .\, x \varrho y \wedge x \tau \mid \tilde{\sigma} y \wedge y \sigma z \wedge y \tilde{\varrho} \mid \tau z. \\ &\rightarrow \bigvee_y .\, x \varrho \cap \tau \mid \tilde{\sigma} y \wedge y \sigma \cap \tilde{\varrho} \mid \tau z. \end{aligned}$$

Jetzt ergibt sich (13.19) folgendermaßen:

Zunächst gilt $\varrho \mid \sigma \cap \tau \subseteq \tau \mid \tau \subseteq \tau$ und $\varrho \mid \sigma \cap \tau \subseteq \varrho \mid \sigma$.

Nach (13.20) gilt aber auch wegen $\tilde{\varrho} \subseteq \tilde{\tau} \subseteq \tau$

$$\varrho \mid \sigma \cap \tau \subseteq \varrho \cap \tau \mid \tilde{\sigma} \mid \sigma \cap \tilde{\varrho} \mid \tau \subseteq \varrho \mid \sigma \cap \tau \mid \tau \subseteq \varrho \mid \sigma \cap \tau.$$

§ 14. Gleichheitskalkül

Die bisherigen Betrachtungen über die Gleichheit geben Anlaß, die Quantorenkalküle noch zu erweitern. Entsprechend zu der Definition einer formalen Theorie mit Termen nehmen wir als Atomfiguren eines *Gleichheitskalküles mit Termen*

(1) *Primterme* $u, v, \ldots$
$u(x), v(x), \ldots$
$u(x, y), v(x, y), \ldots$

(2) *Primformeln* $a, b, \ldots$ einschl. $\curlyvee, \curlywedge$
$a(x), b(x), \ldots$
$a(x, y), b(x, y), \ldots$
$x = y$

(3) Die logischen Junktoren und Quantoren mit Klammern.

Terme U, V, ... werden — ausgehend von den Primtermen — durch iterierte Ersetzung der Variablen x, y ... durch Primterme erzeugt. *Formeln A, B, ...* durch Zusammensetzung der Primformeln mit Hilfe der logischen Partikeln und Ersetzung der Variablen x, y, ... durch Terme.

Die Grundregeln zur Ableitung von Implikationen $A \prec B$ sind dieselben Regeln wie im Quantorenkalkül, vermehrt um

$$x = x$$

(14.1) $$x = y \prec A(x) \to A(y)$$

(x frei für y in $A(x)$)

Außerdem kommt die Einsetzungsregel für Terme hinzu

(14.2) $$A(x) \prec B(x) \Rightarrow A(U) \prec B(U)$$

(x frei für U in $A(x)$ und $B(x)$)

Selbstverständlich lassen sich auch Kalküle für die *gleichheitslogische Wahrheit* (statt wie hier für die *gleichheitslogische Implikation)* aufstellen.

Läßt man in der obigen Formulierung alles weg, was sich auf Terme bezieht, so erhält man den *reinen Gleichheitskalkül.* Die Frage nach der Ableitbarkeit einer Formel im Gleichheitskalkül mit Termen läßt sich auf eine entsprechende Frage im reinen Gleichheitskalkül zurückführen. Man hat dazu so vorzugehen, wie es für die formalen Theorien in § 12 beschrieben ist. Sind $a_1, \ldots, a_m$ bzw. $u_1, \ldots, u_n$ die in der Formel A vorkommenden Kernsymbole der Primformeln bzw. Primterme, so ordnet man den $u_1, \ldots, u_n$ weitere Kernsymbole $b_1, \ldots, b_n$ von Primformeln zu — und zwar soll b_ν k + 1-stellig sein, wenn u_ν k-stellig ist. Man bilde die Konjunktion B der Formeln

$$\bigvee_z \bigwedge_y . b_\nu (x_1, \ldots, x_k, y) \longleftrightarrow y = z.$$

und ersetze in A zunächst jeden Term u_ν $(x_1, .. x_k)$ durch den ι-Term $\iota_y b_\nu (x_1, \ldots x_k, y)$. Die in A auftretenden ι-Terme werden dann nach § 12 eliminiert, bis eine termfreie Formel A' entsteht. Auf Grund der in § 12 durchgeführten Überlegungen ist A *genau dann gleichheitslogisch ableitbar, wenn* $B \rightarrow A'$ *im reinen Gleichheitskalkül ableitbar ist.*

Für den reinen Gleichheitskalkül ist weiterhin eine Reduktion auf den Quantorenkalkül möglich. Es sei dazu jetzt A eine Formel des reinen Gleichheitskalküls. Wir ersetzen in A jede Primformel x = y durch eine Primformel c (x,y). Es entsteht eine Formel A' des Quantorenkalküls. Für die in A vorkommenden Kernsymbole $a_1, \ldots, a_m$ bilden wir die Konjunktion C der Formeln

$$(14.3) \quad \begin{cases} c\,(x, x) \\ c\,(x, z) \wedge c\,(y, z) \rightarrow c\,(x, y) \end{cases}$$

$$(14.4) \quad c\,(x, y) \wedge a_\mu\,(\ldots, x, \ldots) \rightarrow a_\mu\,(\ldots, y, \ldots)$$

Ist a_μ k_μ-stellig, so gibt es $\sum_{1}^{m}{}_\mu\, k_\mu$ Formeln (14.4).

A ist genau dann im reinen Gleichheitskalkül ableitbar, wenn C → A' im Quantorenkalkül ableitbar ist.

Beweis: Ist $C \rightarrow A'$ quantorenlogisch ableitbar, so ist A gleichheitslogisch ableitbar, weil die aus C nach Rückersetzung von $c\,(x, y)$ durch $x = y$ entstehende Formel gleichheitslogisch ableitbar ist. Ist umgekehrt A gleichheitslogisch ableitbar, so gibt es eine quantorenlogische Ableitung von A' aus $c\,(x, x)$ und einer endlichen Anzahl von Formeln der Gestalt

$$c\,(x, y) \wedge B\,(x) \rightarrow B\,(y)$$

Diese Formeln sind alle aus C ableitbar, wenn in den B nur die Kernsymbole $a_1, \ldots, a_m$ oder c vorkommen. Kommen weitere Kernsymbole b vor, so können die Primformeln $b\,(x_1, x_2, \ldots)$ in der ganzen Ableitung vorher durch eine beliebige Formel, z. B. $\curlyvee$, ersetzt werden, ohne daß dadurch die Endformel A' *geändert* wird. Damit ist die Lücke im Beweis des *Church*schen Unentscheidbarkeitssatzes (§ 11) ausgefüllt.

Der *Vollständigkeitssatz* für den klassischen Quantorenkalkül ist von GÖDEL 1930 auch auf die klassischen Gleichheitskalküle übertragen worden. Wir beschränken uns wieder auf den reinen Gleichheitskalkül.

Unter einer *Interpretation* einer gleichheitslogischen Formel ist jetzt folgendes zu verstehen: eine nichtleere Klasse ω von Objekten zusammen mit einer Belegung der vorkommenden Kernsymbole durch logische Funktionen über ω, wobei zusätzlich dem

Gleichheitssymbol = diejenige logische Funktion δ zugeordnet wird, für die gilt:

$$(14.5) \qquad \delta \,{}^{\iota}\, \mathfrak{x}, \mathfrak{y} = \begin{cases} \curlyvee, & \text{wenn } \mathfrak{x} = \mathfrak{y} \\ \curlywedge, & \text{wenn } \mathfrak{x} \neq \mathfrak{y} \end{cases}$$

Es wird also vorausgesetzt, daß man in ω die (konkrete) Gleichheit zwischen den Objekten zur Verfügung hat. Würden noch Terme auftreten, so wären den Kernsymbolen Funktionen zuzuordnen, die als Argumente wie auch als Werte Objekte von ω haben.

Bei jeder solchen Interpretation wird den Gleichheitsaxiomen stets der Wert $\curlyvee$ zugeordnet. Der Gleichheitskalkül ist also konsistent bzgl. der Klasse der (gleichheitslogisch) allgemeingültigen Formeln.

Zum Beweis der *Vollständigkeit* sei A eine gleichheitslogische Formel, die absolut-konsistent ist. Es sei also $\overline{A}$ im klassischen Gleichheitskalkül nicht ableitbar. Nun ist — mit denselben Bezeichnungen wie oben — $\overline{A}$ genau dann ableitbar, wenn $C \to \overline{A'}$, d. h. $\overline{C \wedge A'}$, quantorenlogisch ableitbar ist. Es ist also $C \wedge A'$ quantorenlogisch absolut-konsistent und somit nach dem Vollständigkeitssatz aus § 12 erfüllbar. Ein Modell von $C \wedge A'$ habe ω als Objektklasse und $\varphi_1, \ldots, \varphi_n$ als Belegung der von c verschiedenen Kernsymbole. c sei mit der logischen Funktion χ belegt. Wir setzen für die Objekte $\mathfrak{x}, \mathfrak{y}, \ldots$ aus ω:

$$\mathfrak{x} \sim \mathfrak{y} \leftrightharpoons \chi \,{}^{\iota}\, \mathfrak{x}, \mathfrak{y} = \curlyvee$$

Da die Interpretation die Formeln (14.3) erfüllt, ist $\sim$ eine totale (abstrakte) Gleichheit in ω. Da auch die Formeln (14.4) erfüllt werden, sind die Funktionen $\varphi_1, \varphi_2, \ldots \varphi_n$ verträglich mit $\sim$. Diese Verträglichkeit bedeutet hier die Gültigkeit von

$$\mathfrak{x} \sim \mathfrak{y} \to \varphi_\nu \,{}^{\iota}\, \ldots, \mathfrak{x}, \ldots = \varphi_\nu \,{}^{\iota}\, \ldots, \mathfrak{y}, \ldots$$

Durch Abstraktion gehen wir zu neuen Objekten $\overline{\mathfrak{x}}, \overline{\mathfrak{y}}, \ldots$ über mit $\overline{\mathfrak{x}} = \overline{\mathfrak{y}} \leftrightharpoons \mathfrak{x} \sim \mathfrak{y}$.

$\overline{\omega}$ sei die Klasse dieser abstrakten Objekte. Die Funktionen $\varphi_1, \ldots, \varphi_n$ und χ gehen bei der Abstraktion in logische Funktionen $\overline{\varphi_1}, \ldots, \overline{\varphi_n}$ und $\overline{\chi}$ für $\overline{\omega}$ über. Die Interpretation mit der Klasse $\overline{\omega}$ und den Funktionen $\overline{\varphi_1}, \ldots, \overline{\varphi_n}$ ist ein gleichheitslogisches Modell von A, denn für $\overline{\chi}$ gilt (14.5) mit $\overline{\chi}$ statt δ und $\overline{\mathfrak{x}}, \overline{\mathfrak{y}}, \ldots$ statt $\mathfrak{x}, \mathfrak{y}, \ldots$

Die Verallgemeinerung des Vollständigkeitssatzes auf Formelklassen, und damit der *Endlichkeitssatz*, ergibt sich für den Gleichheitskalkül auf dieselbe Weise. *Sind je endlich viele (gleichheitslogische) Formeln einer Klasse gemeinsam erfüllbar, so sind alle Formeln der Klasse gemeinsam erfüllbar.*

Für die Formeln $A_1, A_2, \ldots$ einer solchen Klasse hat man entsprechend zu dem eben geführten Beweis die quantorenlogischen Formeln $C_1 \wedge A_1'$, $C_2 \wedge A_2', \ldots\ldots$ zu bilden. Je endlich viele dieser Formeln sind erfüllbar, also sind sie gemeinsam erfüllbar. Ein Modell der Formeln $C_1 \wedge A_1'$, $C_2 \wedge A_2', \ldots\ldots$ liefert dann wieder durch Abstraktion ein Modell von $A_1, A_2, \ldots\ldots$

Gegenüber der Quantorenlogik ist folgender Unterschied zu beachten. Manche Formeln, wie z. B. $\bigwedge_{x,y} x = y$, sind zwar erfüllbar, aber es gibt keine *unendlichen Modelle*, d. h. keine, deren Objektklasse unendlich ist.

Ist dagegen eine quantorenlogische Formel erfüllbar, so gibt es immer unendliche Modelle. Man braucht ja z. B. zu einem Modell M nur noch unendlich viele weitere Objekte hinzuzufügen und die neuen Objekte mit irgendeinem der Objekte, etwa $\mathfrak{x}_0$, von M zu *„identifizieren"*. D. h. man dehnt die logischen Funktionen $\varphi, \psi, \ldots$ von M auf die neuen Objekte aus, indem man für ein solches, etwa $\mathfrak{z}$, setzt:

$$\varphi' \,\urcorner \ldots, \mathfrak{z}, \ldots \leftrightharpoons \varphi \,\urcorner \ldots, \mathfrak{x}_0, \ldots$$

Das neue Modell M' heißt ein *Obermodell* von M, weil seine Objektklasse die Objektklasse von M *umfaßt* und seine logischen Funktionen φ', ψ', ... die logischen Funktionen von M *fortsetzen, d. h.*

$\varphi' \,\imath\, \mathfrak{x}, \mathfrak{y}, \ldots = \varphi \,\imath\, \mathfrak{x}, \mathfrak{y}, \ldots$ für alle $\mathfrak{x}, \mathfrak{y}, \ldots$ aus M erfüllen.

Für die gleichheitslogischen Formeln und Modelle gilt demgegenüber der interessante *Erweiterungssatz* (ROBINSON 1951):

Jedes unendliche gleichheitslogische Modell einer Formelklasse hat echte Obermodelle.

Beweis: K sei die Formelklasse, N die Klasse der Objekte eines Modells von K, $\varphi_1, \varphi_2, \ldots$ seien die logischen Funktionen des Modells. Wir ordnen den Objekten $\mathfrak{x}_1, \mathfrak{x}_2, \ldots$ von N eindeutig Konstantensymbole $u_1, u_2, \ldots\ldots$ zu. Zu K nehmen wir folgende Formeln hinzu:

(1) $\neg\, u_\mu = u_\nu$ für $\mu \neq \nu$

(2) $a(u_1, \ldots, u_n)$ oder $\neg\, a(u_1, \ldots, u_n)$, je nachdem, ob die logische Funktion φ, mit der a belegt ist, für die den Symbolen $u_1, \ldots, u_n$ zugeordneten Objekte den Wert $\curlyvee$ oder $\curlywedge$ annimmt.

Die so erweiterte Formelklasse K' hat im wesentlichen noch dasselbe Modell — es sind ja nur die Konstantensymbole $u_1, u_2, \ldots\ldots$ hinzugekommen, die mit den zugeordneten Objekten zu belegen sind. Alle neuen Formeln werden durch die bisherige Interpretation erfüllt.

Wir nehmen jetzt noch ein Konstantensymbol v hinzu und erweitern K' nochmals um die Formeln

(3) $\neg\, v = u_\nu$ für $\nu = 1, 2, \ldots\ldots$

Die entstehende Klasse K^* ist noch absolut-konsistent, denn wenn man nur endlich viele Formeln (3)

$$\neg\, v = u_{\nu_1}, \ldots, \neg\, v = u_{\nu_n}$$

zu K' hinzunimmt, gibt es (weil das Modell N als unendlich vorausgesetzt ist) ein Modell: man belege v mit einem

Objekt von N, das keinem der Symbole $u_{\nu 1}, \ldots, u_{\nu n}$ zugeordnet ist. Also hat auch K^* insgesamt ein Modell. Es sei N^* die Objektklasse, $\varphi_1^*, \varphi_2^*, \ldots$ seien die logischen Funktionen dieses Modells und $\mathfrak{x}_1^*, \mathfrak{x}_2^*, \ldots$ seien die Objekte, mit denen $u_1, u_2, \ldots\ldots$ belegt sind. Wegen (1) ist die Zuordnung der $\mathfrak{x}_1^*, \mathfrak{x}_2^*, \ldots\ldots$ zu den $u_1, u_2, \ldots\ldots$ eineindeutig. Man kann sie also durch die $\mathfrak{x}_1, \mathfrak{x}_2, \ldots\ldots$ ersetzen. Dadurch wird N^* eine Oberklasse von N, und zwar wegen (3) eine echte Oberklasse. Wegen (2) erweist sich schließlich φ_ν^* als Fortsetzung von φ_ν.

Dieser Erweiterungssatz liefert z. B. für jedes konsistente Axiomensystem der Arithmetik — und zwar jetzt auch für unendliche Axiomensysteme — heteromorphe Modelle, d. h. solche, die nicht zum Modell der Grundzahlen isomorph sind (Vgl. S. 136).

ANHANG

Die dialogische Interpretation der effektiven Logik

Verglichen mit dem Fall des klassischen Quantorenkalküls besteht die Schwierigkeit eines Vollständigkeitsbeweises für den effektiven Quantorenkalkül darin, daß zunächst die Klasse der Formeln angegeben werden muß, relativ zu der der Kalkül vollständig (und konsistent) sein soll.

Wir haben (in §§ 8—10) gezeigt, daß der dort angegebene effektive Quantorenkalkül konsistent ist relativ zur Klasse der allgemeinzulässigen Formeln (die dazu als Regeln, Metaregeln, ... interpretiert werden mußten). Eine Regel heißt zulässig (bezüglich eines Kalküls *K*), wenn sie — angewendet auf ableitbare Figuren von *K* — stets ableitbare Figuren von *K* liefert. Eine Metaregel heißt zulässig (bezüglich *K*), wenn sie — angewendet auf zulässige Regeln von *K* — stets zulässige Regeln von *K* liefert, usw.
Eine Regel, Metaregel, usw., heißt allgemeinzulässig, wenn sie zulässig bezüglich jedes Kalküls ist.

Diese Definition der allgemeinzulässigen Formeln ist für einen Vollständigkeitsbeweis schwierig zu verwenden, da die Klasse der effektiven Umformungsverfahren, die für beliebige Kalküle verwendet werden können, dazu als aufzählbar nachgewiesen werden müßte.

Diese Schwierigkeit läßt sich vermeiden, wenn die operative Interpretation etwas variiert wird (vgl. Lorenzen 1962). Wir benutzen Kalküle jetzt nur noch, um ‚beweisdefinite' Primaussagen zu bekommen. Ist K ein Kalkül und $\mathfrak{A}$ eine Figur, so heißt die Aussage $\vdash_K \mathfrak{A}$ beweisdefinit, weil festgelegt ist, wie diese Aussage zu ‚beweisen' ist, nämlich durch Konstruktion einer Ableitung der Figur $\mathfrak{A}$. Die Zulässigkeit einer Regel $\mathfrak{A} \Rightarrow \mathfrak{B}$ ist in diesem Sinne nicht mehr beweisdefinit: Es ist nicht festgelegt, was als ‚Verfahren' gelten soll, mit dem eine Ableitung von $\mathfrak{A}$ in eine Ableitung von $\mathfrak{B}$ umzuformen ist. Es ist aber klar, wie man jemanden angreifen könnte, der die Zulässigkeit von $\mathfrak{A} \Rightarrow \mathfrak{B}$ behauptet: Man würde eine Ableitung von $\mathfrak{A}$ konstruieren — und die Behauptung muß dann durch Konstruktion einer Ableitung von $\mathfrak{B}$ verteidigt werden. Nur dann, wenn die Behauptung gegen jeden solchen Angriff verteidigt werden kann, ist die Regel zulässig.

Hierdurch scheint nichts gewonnen, weil nicht darüber entschieden ist, wann eine ‚Gewinnstrategie' (die die Behauptung gegen j e d e n Angriff verteidigt) vorliegt. Es zeigt sich aber, daß die Klasse der Gewinnstrategien, die für beliebige beweisdefinite Primaussagen zu verwenden sind, aufzählbar ist.

Wir haben dazu allgemein festzulegen, wie eine Aussage, die aus beweisdefiniten Primaussagen mit Hilfe von logischen Partikeln zusammengesetzt ist, angegriffen und verteidigt werden kann. Wir haben also festzulegen, wie ein ‚Dialog' zur Verteidigung einer Behauptung zu führen ist. Ohne uns auf spezielle Primaussagen (z. B. auf die Ableitbarkeitsaussagen in einem speziellen Kalkül) einzulassen, werden wir nur Variable $a, b, c, \ldots$ als Primaussagen verwenden — evtl. allerdings auch Primformeln $a(x)$, $b(x, y), \ldots$ mit freien Objektvariablen.

Aus den Primformeln werden beliebige Formeln $A, B, \ldots$ mit Hilfe der logischen Partikeln $\wedge, \vee, \rightarrow, \neg, \bigwedge, \bigvee$ zusammengesetzt. Wird eine zusammengesetzte Formel behauptet, so legt schon die umgangssprachliche Verwendung der logischen Partikeln der natürlichen Sprache folgende Regelung von Angriffen und Erwiderungen, d. h. von Verteidigungen (gegen einen Angriff) oder Gegenangriffen, nahe:

1. Wird $A \wedge B$ behauptet, so kann bezüglich jeder der beiden Teilaussagen angegriffen werden. Wir notieren den Angriff durch *L*? bzw. *R*? — und es muß zur Verteidigung dann *A* bzw. *B* behauptet werden.

2. Wird $A \vee B$ behauptet, so kann dies nur durch ? angegriffen werden — und muß wahlweise durch *A* oder durch *B* verteidigt werden.

3. Wird $A \rightarrow B$ behauptet, so kann dies durch ? angegriffen werden, wenn vom Angreifenden gleichzeitig *A* behauptet wird. Als Erwiderung ist die Verteidigung *B* möglich oder ein Gegenangriff auf *A*.

4. Wird $\neg A$ behauptet, so kann dies durch ? angegriffen werden, wenn vom Angreifenden gleichzeitig *A* behauptet wird. Als Erwiderung ist nur ein Gegenangriff auf *A* möglich.

5. Wird $\bigwedge_x A(x)$ behauptet, so kann dies durch y? mit einer beliebigen Variablen (für die x frei in $A(x)$ ist) angegriffen werden — und es muß zur Verteidigung dann $A(y)$ behauptet werden.

6. Wird $\bigvee_x A(x)$ behauptet, so kann dies nur durch ? angegriffen werden — und muß durch $A(y)$ mit einer beliebigen Variablen (für die wieder x frei in $A(x)$ ist) nach freier Wahl verteidigt werden.

Wir fassen diese Dialogregeln in einer Angriffs-Verteidigungstabelle zusammen:

zusammengesetzte Formel	Angriff		Verteidigung
$A \wedge B$		$L?$	A
		$R?$	B
$A \vee B$		$?$	A
			B
$A \rightarrow B$	A	$?$	B
$\neg A$	A	$?$	
$\bigwedge_x A(x)$		$y?$	$A(y)$
$\bigvee_x A(x)$		$?$	$A(y)$

Diese Tabelle ist in ihrer ‚Gültigkeit' unabhängig davon, ob sich der natürliche Sprachgebrauch nach ihr richtet. Sie stellt vielmehr eine Normierung der umgangssprachlichen Dialoge mit logischen Partikeln dar. Diese Normierung ist keine willkürliche, weil es keine anderen Möglichkeiten gibt, in denen sich ein Dialog um eine zusammengesetzte Aussage in einem Angriffs- und Verteidigungsschritt auf einen Dialog um eine Teilaussage reduzieren läßt — ohne irgendwelche Besonderheiten der Teilaussagen zu berücksichtigen. (Für diese Frage der Vollständigkeit der effektiven logischen Partikeln vgl. K. Lorenz, Dialogspiele als semantische Grundlage von Logikkalkülen, Archiv f. math. Logik u. Grundlagenforschung 11 (1968).

Nach dieser Tabelle können jetzt Dialoge als Zwei-Personen-Spiele durch abwechselndes Aufschreiben von Formeln bzw. der Angriffszeichen ?, *L* ?, *R* ?, *y* ? gespielt werden. Es muß dazu allerdings noch der Spielverlauf geregelt werden. Wir nennen denjenigen, der eine Aussage (seine These) im Spiel verteidigen will, mit der scholastischen Terminologie den Defendenten — sein Gegenspieler heiße der Opponent. Damit der Defendent seine These verteidigen kann, gibt der Opponent einige Aussagen (als Hypothesen) vor. Nur im Ausnahmefall, daß die These logisch wahr ist, werden keine Hypothesen gebraucht. In dem anderen Ausnahmefall, daß die Konjunktion der Hypothesen logisch falsch ist, kann der Defendent auf eine These verzichten. Ein einfaches Beispiel für den Normalfall ist etwa das folgende: Der Opponent gebe $a \vee b$ und $\neg a$ vor, der Defendent soll dann b verteidigen. Wir ergänzen dazu die Tabelle durch eine Regel für *formale* Dialogführung, indem wir für die Primformeln festsetzen, daß sie durch ? angegriffen werden können, ohne daß eine Verteidigung darauf möglich sein soll. (Zur Verteidigung von Primformeln wären nämlich spezielle inhaltliche Kenntnisse nötig, die in der formalen Logik, also bei *formaler* Dialogführung, keine Rolle spielen dürfen.) Dabei darf der Defendent eine Primformel nur angreifen, wenn dieselbe Primformel gerade die letzte vom Opponenten angegriffene Formel ist (der Opponent sollte nämlich diesen Angriff nicht aufrechterhalten können, wenn er selbst gleichzeitig die fragliche Primformel behauptet).

Wir notieren einen Spielverlauf folgendermaßen:

Zeilennummer	Opponent		Defendent	
(1)	$a \vee b$			
(2)	$\neg a$			b
(3)		? (2)	(1) ?	
(4)	a		(2) ?	a
(5)		? (4)	(4) ?	

Die Hypothesen des Opponenten stehen in Zeile (1) und (2). Die These des Defendenten steht ebenfalls in Zeile (2). Der Opponent beginnt in Zeile (3) mit einem Angriff auf die Primformel in Zeile (2), was wir durch ? (2) notiert haben. Der Defendent antwortet mit einem Angriff auf die Hypothese in (1), was in Zeile (3) wieder mit (1) ? notiert wird. Der Opponent könnte sich in Zeile (4) mit b verteidigen — dann könnte der Defendent dieses b aber angreifen und hätte damit bereits gewonnen. Er verteidigt sich daher mit a. Jetzt greift der Defendent mit (2) ? die Hypothese in (2) an, wobei er selber a behaupten muß. Erlauben wir dem Opponenten sinnvollerweise nur, jede Formel nur einmal anzugreifen, in diesem Fall also nicht durch eine Wiederholung des Angriffs ? (2) auf einer Verteidigung der Primformel b zu insistieren, so muß der Opponent in Zeile (5) die Primformel a durch ? (4) angreifen. Darauf greift der Defendent die Primformel a in (4) an und hat damit gewonnen. Der Defendent gewinnt in jedem Falle — die These folgt ja auch effektiv-logisch aus den Hypothesen.

Man sieht an Beispielen wie diesem, daß der Defendent die Möglichkeit haben muß, alle gesetzten Formeln des Opponenten anzugreifen (z. B. alle Hypothesen) — Primformeln aber eben nur, wenn dieselbe Primformel bei ihm gerade angegriffen ist. Wenn der Opponent eine Primformel zugegeben, also nicht angegriffen, hat, ist es sinnlos, von ihm zu verlangen, er solle seinerseits dieselbe Primformel verteidigen. Hat er allerdings eine Primformel angegriffen, die er selbst behauptet hat, so soll er sofort verlieren.

Wir kommen so zu folgender Normierung des Spielverlaufs:

1. Nachdem der Opponent die Hypothesen (evtl. keine) vorgegeben hat, wähle der Defendent eine These (evtl. keine). Damit ist die Ausgangsstellung erreicht, und der Opponent ist am Zug.

2. Beide Spieler dürfen jede im Dialog vorher behauptete Aussage des Partners angreifen oder sich gegen den jeweils letzten Angriff des Partners verteidigen. Dabei darf der Opponent jede Aussage höchstens einmal angreifen, der Defendent hingegen auch mehrfach. (Hinter dem Angriffszeichen hat der Angreifende die Zeile der angegriffenen Formel des Partners anzugeben; aus diesem Grunde könnte man auf das Hinschreiben des ? verzichten.)

3. Der Defendent hat gewonnen, wenn der Opponent nicht mehr ziehen kann. Er hat dann eine Endgewinnstellung erreicht. Der Opponent hat gewonnen, wenn der Defendent keine Endgewinnstellung erreichen kann. (Wenn Quantoren auftreten, ist das evtl. unentscheidbar.)

Wird dem Opponenten (zur Abkürzung des Spiels) die Einschränkung auferlegt, höchstens den vorhergehenden Zug des Defendenten angreifen oder sich höchstens gegen den vorhergehenden Zug des Defendenten — sofern dies ein Angriff ist — verteidigen zu dürfen, so ändert sich dadurch, wie man zeigen kann, an der Gewinnbarkeit der Ausgangsstellungen für den Defendenten nichts.

Es seien noch drei Beispiele für mögliche Spielverläufe gegeben:

(1)	$a \vee \neg a$			
(2)	$\neg \neg a$			a
(3)		? (2)	(1) ?	
(4)	$\neg a$		(2) ?	$\neg a$
(5)	a	? (4)	(4) ?	a
(6)		? (5)	(5) ?	

(1)	$\bigwedge_x a(x) \vee \neg a(x)$			
(2)	$\bigwedge_x \neg \neg a(x)$			$\neg \neg \bigwedge_x a(x)$
(3)	$\neg \bigwedge_x a(x)$	? (2)	(3) ?	$\bigwedge_x a(x)$
(4)		y ? (3)	(1) y ?	
(5)	$a(y) \vee \neg a(y)$		(5) ?	
(6)	$\neg a(y)$		(2) y ?	
(7)	$\neg \neg a(y)$		(7) ?	$\neg a(y)$
(8)	$a(y)$	? (7)	(6) ?	$a(y)$
(9)		? (8)	(8) ?	

(1)				$a \to b \dot{\to} a \ddot{\to} a$
(2)	$a \to b \to a$	? (1)		a
(3)		? (2)	(2) ?	$a \dot{\to} b$
(4)	a	? (3)		b
(5)		? (4)		

Die Ausgangsstellung ist in den ersten beiden Fällen eine Gewinnstellung für den Defendenten: er kann gegen jede Strategie des Opponenten gewinnen. In beiden Fällen ist dies aber nur möglich, weil unter den Hypothesen Spezialfälle des tertium non datur $A \vee \neg A$ aufgenommen sind. Die These folgt nur klassisch-logisch, nicht effektiv-logisch aus den übrigen Hypothesen.

Das dritte Beispiel — als These die Peirce'sche Aussage ohne jede Hypothese — zeigt, daß die Peirce'sche Aussage nicht effektiv-logisch wahr ist, weil der Defendent keine Endgewinnstellung erreichen kann. (Wohl aber ist sie klassisch-logisch wahr, weil sie effektiv-logisch aus der Hypothese $a \vee \neg a$ oder auch $\neg \neg a \to a$ folgt.)

Wir können jetzt eine Gewinnstellung dadurch definieren, daß die These A ' vom Defendenten verteidigt werden kann gegen jeden Opponenten, der $A_1, \ldots, A_n$ als Hypothesen vorgibt. Wir wollen dann sagen, daß das System $A_1, \ldots, A_n$ die Aussage A effektiv-logisch impliziert, und wollen zeigen, daß dies genau dann der Fall ist, wenn in einem geeigneten Quantorenkalkül die Formel $A_1 \wedge \ldots \wedge A_n \prec A$ ableitbar ist. Damit wird dann die Konsistenz und Vollständigkeit dieses Kalküls relativ zur Klasse der Gewinnstellungen gezeigt sein.

Wir notieren die Ausgangsstellungen folgendermaßen: $A_1, \ldots, A_n \mid A$. Für Systeme von Formeln benutzen wir die Variable S. Kommt eine Formel A in dem System S vor, so schreiben wir auch $S(A)$.

Um die Gewinnstellungen aufzählen zu können, betrachten wir die Spielstellungen, in denen der Defendent gezogen hat und der Opponent höchstens noch eine Formel des Defendenten angreifen kann. Die Dialogschritte lassen sich nämlich (Vgl. K. Lorenz, a. a. O.) derart zusammenfassen, daß keine anderen Spielstellungen betrachtet zu werden brauchen. Sie sollen daher Hauptstellungen heißen und ebenfalls in der Form $S \mid A$ notiert werden (S stellt dann das System aller angreifbaren Formeln des Opponenten dar). Insbesondere sind die Ausgangsstellungen $A_1, \ldots, A_n \mid A$ und die Endgewinnstellungen $S(a) \mid a$ von dieser Art. (Im Fall, daß der Defendent keine These vorlegt, wird die Stellung $A_1, \ldots, A_n \mid$ formal so behandelt, als ob der Opponent mit ? die ‚leere' Formel des Defendenten — ohne Verteidigungsmöglichkeit — angreifen könnte; die Endgewinnstellungen $S(a) \mid a$ sind so zu lesen, daß das a des Defendenten bereits angegriffen ist — nämlich als die zuletzt angegriffene Formel des Defendenten — und der Defendent daraufhin nach der Regel für Primformeln das a des Opponenten hat angreifen können, so daß der Opponent nicht mehr ziehen kann.)

Wir unterscheiden im Dialogverlauf die Fälle, in denen der Defendent am Zuge ist, von den Fällen, in denen der Opponent am Zuge ist, und fassen dabei jeweils einen Angriffs- und Erwiderungsschritt zusammen. Das sind dann einmal die Fälle, in denen der Opponent eine Formel des Defendenten angreift und dieser darauf erwidert (D-Fälle), und zum anderen die Fälle, in denen der Defendent eine Formel des *Opponenten* angreift und dieser darauf erwidert (*O*-Fälle). Der *D*-Fall, in dem die angegriffene Formel des Defendenten eine Primformel ist, kann weggelassen werden, weil *nach* dem Angriff, auf den es keine Verteidigung gibt, der D-Fall ohne weitere Änderung des Dialogstands in einen *O*-Fall übergeht. Andererseits kann ein *O*-Fall, in dem die angegriffene Formel des Opponenten eine Primformel ist, nur eintreten, wenn es sich bei der zuletzt angegriffenen Formel des Defendenten gerade um dieselbe Primformel handelt. Es entsteht eine Endgewinnstellung, weil der Opponent nicht erwidern kann.

Die *D*-Fälle, in denen eine zusammengesetzte Formel des Defendenten angegriffen wird, sind die folgenden (es ist der Dialogstand *nach* dem jeweiligen Angriff des Opponenten angeschrieben; *vor* diesem Angriff haben wir Hauptstellungen):

$$(D_{\wedge}^{L}) \quad \begin{array}{c|c} S & A \wedge B \\ L\,? & \end{array} \qquad\qquad (D_{\wedge}^{R}) \quad \begin{array}{c|c} S & A \wedge B \\ R\,? & \end{array}$$

$$(D_{\vee}) \quad \begin{array}{c|c} S & A \vee B \\ ? & \end{array}$$

$$(D_{\rightarrow}) \quad \begin{array}{c|c} S & A \rightarrow B \\ A\,? & \end{array}$$

$$(D_{\neg}) \quad \begin{array}{c|c} S & \neg A \\ A\,? & \end{array}$$

$(D_{\wedge}{}^{y})$	S		$\bigwedge_x A(x)$
	y ?		
$(D\vee)$	S		$\bigvee_x A(x)$
	?		

Erwidert jetzt der Defendent diese Angriffe des Opponenten, so können wir uns auf Verteidigungen beschränken, weil Gegenangriffe unter den O-Fällen abgehandelt werden. Es entstehen dann die folgenden Hauptstellungen (die vorher angegriffene Formel des Defendenten kann weggelassen werden, weil der Opponent sie nur einmal angreifen kann):

$(D_{\wedge}{}^{L})$ $S \mid A$ $(D_{\wedge}{}^{R})$ $S \mid B$

$(D_{\vee})$ $S \mid A$ oder $S \mid B$

$(D_{\rightarrow})$ $S, A \mid B$

$(D_{\neg})$ $S, A \mid$ (Ähnlich wie bei der Ausgangsstellung mit fehlender These ist hier nur formal die ‚leere' Verteidigung — später durch ‚$\curlywedge$' dargestellt — eingeführt; die Stellung soll wie die Ausgangsstellung behandelt werden.)

$(D_{\wedge}{}^{y})$ $S \mid A(y)$

$(D\vee^{y})$ $S \mid A(y)$ (y ist vom Defendenten zu wählen.)

Wir können hiernach folgende Regeln aufstellen, die von Gewinnstellungen zu Gewinnstellungen führen:

$$(D_\wedge) \qquad S \mid A, S \mid B \Rightarrow S \mid A \wedge B$$

$$(D_\vee{}^L) \qquad S \mid A \Rightarrow S \mid A \vee B$$

$$(D_\vee{}^R) \qquad S \mid B \Rightarrow S \mid A \vee B$$

$$(D_\rightarrow) \qquad S, A \mid B \Rightarrow S \mid A \rightarrow B$$

$$(D_\neg) \qquad S, A \mid \quad \Rightarrow S \mid \neg A$$

$$(D_\bigwedge) \quad \text{für alle } y\text{:} \quad S \mid A(y) \Rightarrow S \mid \bigwedge_x A(x)$$

$$(D_\bigvee{}^y) \quad S \mid A(y) \Rightarrow S \mid \bigvee_x A(x)\,.$$

Da unsere Primaussagen nur formal Aussagen sind (sie machen keine bestimmte Aussage über die vorkommenden Objekte), kann die Allquantorregel $(D_\bigwedge)$ ersetzt werden durch

$$(D_\bigwedge) \qquad S \mid A(y) \Rightarrow S \mid \bigwedge_x A(x)$$

(falls y nicht in der Konklusion vorkommt).

Ist nämlich $S \mid A(y)$ für ein y, das dieser ‚Variablenbedingung' genügt, eine Gewinnstellung, dann auch für alle anderen Variablen (es ist dieselbe Gewinnstrategie anwendbar).

Die O-Fälle, in denen eine zusammengesetzte Formel des Opponenten angegriffen ist, sind die folgenden (es ist wieder der Dialogstand n a c h dem jeweiligen Angriff des Defendenten angeschrieben, wobei C jeweils die letzte vom Opponenten angegriffene

Formel ist; *vor* diesem Angriff handelt es sich um eine Hauptstellung, wenn man C dann nicht als bereits angegriffene, sondern als noch angreifbare Formel ansieht):

$(O_\wedge^L)$
$$\begin{array}{r|l} & C \\ S\,(A \wedge B) & L\,? \end{array}$$

$(O_\wedge^R)$
$$\begin{array}{r|l} & C \\ S\,(A \wedge B) & R\,? \end{array}$$

$(O_\vee)$
$$\begin{array}{r|l} & C \\ S\,(A \vee B) & ? \end{array}$$

$(O_\rightarrow)$
$$\begin{array}{r|l} & C \\ S\,(A \rightarrow B) & ?\,A \end{array}$$

$(O_\neg)$
$$\begin{array}{r|l} & C \\ S\,(\neg A) & ?\,A \end{array}$$

$(O_\bigwedge^y)$
$$\begin{array}{r|l} & C \\ S\,(\bigwedge_x A\,(x)) & y\,? \end{array}$$

$(O_\bigvee)$
$$\begin{array}{r|l} & C \\ S\,(\bigvee_x A\,(x)) & y\,? \end{array}$$

Erwidert jetzt der Opponent diese Angriffe des Defendenten, so entstehen die folgenden Hauptstellungen, die jeweils sämtlich gewonnen werden müssen, wenn die Stellungen vor dem Angriff des Defendenten Gewinnstellungen sein sollen (die angegriffene Formel des Opponenten bleibt stehen, weil sie weiter angreifbar ist; hinter dem Strich steht wieder die jeweils letzte vom Opponenten angegriffene Formel):

$(O_\wedge^L)$ $S\,(A \wedge B),\, A \mid C$ $(O_\wedge^R)$ $S\,(A \wedge B),\, B \mid C$

$(O_\vee)$ $S\,(A \vee B), A \mid C$ oder $S\,(A \vee B), B \mid C$

$(O_\rightarrow)$ $S\,(A \rightarrow B) \quad \mid A$ (der Opponent wählt den Gegenangriff, und A ist jetzt die zuletzt angegriffene Formel), oder $S\,(A \rightarrow B), B \mid C$ (der Opponent verteidigt)

$(O_\neg)$ $S\,(\neg A) \quad \mid A$

$(O_\wedge{}^y)$ $S\,(\wedge_x A\,(x)), A\,(y) \mid C$ (y ist vom Defendenten zu wählen)

$(O_\vee{}^y)$ $S\,(\vee_x A\,(x)), A\,(y) \mid C$

Da in $(O_\rightarrow)$ und $(O_\neg)$ die evtl. angreifenden Formeln gegen A weggelassen wurden, lassen sich in der Tat alle Stellungen wieder als Hauptstellungen auffassen. Dadurch erhalten wir folgende Regeln, die ebenfalls von Gewinnstellungen zu Gewinnstellungen führen:

$(O_\wedge{}^L)$ $S\,(A \wedge B), A \mid C \Rightarrow S\,(A \wedge B) \mid C$

$(O_\wedge{}^R)$ $S\,(A \wedge B), B \mid C \Rightarrow S\,(A \wedge B) \mid C$

$(O_\vee)$ $S\,(A \vee B), A \mid C, \quad S\,(A \vee B), B \mid C \Rightarrow S\,(A \vee B) \mid C$

$(O_\rightarrow)$ $S\,(A \rightarrow B) \quad \mid A, \quad S\,(A \rightarrow B), B \mid C \Rightarrow S\,(A \rightarrow B) \mid C$

$(O_\neg)$ $S\,(\neg A) \quad \mid A \Rightarrow S\,(\neg A) \mid C$

$(O_\wedge{}^y)$ $S\,(\wedge_x A\,(x)), A\,(y) \mid C \Rightarrow S\,(\wedge_x A\,(x)) \mid C$

(O$\vee$)

für alle y: $S(\vee_x A(x)), A(y) \mid C \Rightarrow S(\vee_x A(x)) \mid C$

Die letzte Regel kann wieder ersetzt werden durch eine Regel mit einer Variablenbedingung.

(O$\vee$) $S(\vee_x A(x)), A(y) \mid C \Rightarrow S(\vee_x A(x)) \mid C$

(falls y nicht in der Konklusion vorkommt).

Ausgehend von den Endgewinnstellungen $S(a) \mid a$, haben wir insgesamt 14 Regeln, die lauter Gewinnstellungen liefern. Zugleich wissen wir, daß jede Gewinnstellung nach diesen Regeln aus Endgewinnstellungen herstellbar sein muß. Wir haben also einen Kalkül für die Ableitung aller Gewinnstellungen erhalten.

Schreiben wir für eine Stellung $A_1, \ldots, A_n \mid A$ eine Implikation $A_1 \wedge \ldots \wedge A_n \prec A$, so geht dieser Kalkül sofort in einen effektiven quantorenlogischen Gentzenkalkül über. Dieser ist eine Erweiterung des affirmativen Gentzenkalküls in § 8 (wegen der Verwendung von Konjunktionsformeln sind dort die Regeln ($O_\wedge{}^L$), ($O_\wedge{}^R$) überflüssig).

Für die Negation haben wir jetzt (wenn wir die Leerstelle durch $\curlywedge$ ausfüllen):

G_+ 3.4 $\quad A \wedge B \prec \curlywedge \Rightarrow A \prec \neg B$

G_+ 3.4 $\quad A \wedge \neg B \prec B \Rightarrow A \wedge \neg B \prec C.$

Für die Quantoren erhalten wir, wenn x frei für y in $B(x)$ ist (vgl. $Q1$—$Q4$ in § 10 und $G5$, $G6$ in § 11), die folgenden Regeln:

G+ 3.5 $A \prec B(y) \Rightarrow A \prec \bigwedge_x B(x)$
(y nicht frei in der Konklusion)

G+ 3.6 $A \prec B(y) \Rightarrow A \prec \bigvee_x B(x)$

G+ 4.4 $A \wedge \bigwedge_x B(x) \wedge B(y) \prec C \Rightarrow A \wedge \bigwedge_x B(x) \prec C$

G+ 4.5 $A \wedge \bigvee_x B(x) \wedge B(y) \prec C \Rightarrow A \wedge \bigvee_x B(x) \prec C$
(y nicht frei in der Konklusion).

Trivialerweise sind alle in diesem Gentzenkalkül ableitbaren Implikationen auch im effektiven Quantorenkalkül aus § 10 ableitbar. Dieser Kalkül ist also jedenfalls vollständig bezüglich der dialogisch definierten effektiv-logischen Implikationen.

Will man darüber hinaus zeigen, daß der Gentzenkalkül genau dieselben Implikationen wie der effektive Quantorenkalkül aus § 10 abzuleiten gestattet, so ist nur die Zulässigkeit der Transitivitätsregel zu beweisen. Es ist also der Zulässigkeitsbeweis von (8.22)

$$A \prec B,, B \wedge C \prec D \Rightarrow A \wedge C \prec D$$

durch eine Teilformelinduktion bezüglich B auf den quantorenlogischen Kalkül G+ 1—G+ 4 auszudehnen. Dies sei hier jedoch nicht mehr ausgeführt. Die Details dieses Gentzenschen Hauptsatzes kann der daran interessierte Leser entweder aus der Originalabhandlung Gentzen 1934 oder aus Kleene 1952 (§ 78, Theorem 48) entnehmen.

Literaturverzeichnis

Lehrbücher

Church, A., 1956: Introduction to Math. Logic, Bd. 1, Princeton.

Hermes, H., 1963: Einführung in die mathematische Logik, Stuttgart.

Hilbert-Ackermann, 1959: Grundzüge der theoretischen Logik. 4. Aufl., Berlin.

Hilbert-Bernays, 1934/1939: Grundlagen der Mathematik. 2 Bde. Berlin.

Kleene, S. C., 1952: Introduction to Metamathematics. New York.

Lorenzen, P., 1955: Einführung in die operative Logik und Mathematik. Berlin.

Lorenzen, P., 1962: Metamathematik, Mannheim.

Quine, W. van Orman, 1951: Mathematical Logic, Harvard Univ. Press.

Robinson, A., 1963: Introduction to Model Theory and to the Metamathematics of Algebra, Amsterdam.

Rosenbloom, P. C., 1950: The elements of mathematical logic. New York.

Schmidt, A., 1960: Mathematische Gesetze der Logik I. Berlin.

Scholz-Hasenjaeger, 1961: Grundzüge der Mathematischen Logik, Berlin.

Schütte, K., 1960: Beweistheorie. Berlin.

Zur Geschichte der formalen Logik

Bochenski, J. M., 1956: Formale Logik. Freiburg.

Kneale, W. & M., 1962: The Development of Logic, Oxford.

Mates, B., 1961: Stoic Logic. Berkeley.

Scholz, H., 1931: Abriß der Geschichte der Logik.

Zur Modallogik

Becker, O., 1951: Einführung in die Logistik, vorzüglich in den Modalkalkül. Meisenheim.

Becker, O., 1952: Untersuchungen über den Modalkalkül. Meisenheim.

Carnap, R., 1946: Modalities and Quantification. J. Symb. L., 11.

Lewis, C. I., 1918: A survey of symbolic logic. Berkeley.

Lorenzen, P., 1955: Zur Begründung der Modallogik. Archiv f. math. Logik und Grundlagenforschung, 2.

Quellennachweis

Ackermann, W., 1955: Solvable cases of the decision problem. Amsterdam.

Aristoteles: Aristotle's Prior and Posterior Analytics, Text with Introd. and Comm. by W. D. Ross 1949: Oxford.

Behmann, H., 1939: Zur Vereinheitlichung der logischen Symbolik. Erkenntnis 7.

Boole, G., 1847: The mathematical analysis of logic. Neudruck Oxford 1951.

Brouwer, L. E. I., 1907: Over de grondslagen der wiskunde (Diss.). Amsterdam.

Cantor, G., 1874: Über eine Eigenschaft des Inbegriffs aller reellen algebraischen Zahlen. J. f. d. reine u. angew. Math. 77.

Carnap, R., 1947: Meaning and necessity. Chicago.

Church, A., 1936: A note on the Entscheidungsproblem. J. Symb Logic 1.

Couturat, L. 1901: La Logique de Leibniz d'après des documents inédits. Paris.

van Dantzig, D., 1947: On the principles of intuitionistic and affirmative math. Indagationes mathematicae 9.

Frege, G., 1879: Begriffsschrift. Halle.

Frege, G., 1892: Über Sinn und Bedeutung. Ztschr. f. Philos. u philos. Kritik 100.

Freytag-Löringhoff, Baron v., B., 1949: Über das System der modi des Syllogismus. Ztschr. f. philos. Forschung 4.

Gentzen, G., 1934: Untersuchungen über das logische Schließen. Math. Z. 39.

Gergonne, J. D., 1816: Essai de dialectique rationelle. Ann. de math. pures et appl. 7.

Gödel, K., 1930: Die Vollständigkeit der Axiome des logischen Funktionenkalküls. Monh. f. Math. u. Phys. 37.

Gödel, K., 1931: Über formal unentscheidbare Sätze der Principia Mathematica und verw. Systeme. Monh. f. Math. u. Phys. 38.

Heyting, A., 1930: Die formalen Regeln der intuitionistischen Logik. Sitz.-Ber. d. preuß. Akad. der Wiss. phys. math. Kl.

König, D., 1936: Theorie der endlichen und unendlichen Graphen. Leipzig.

Lorenz, K., 1968: Dialogspiele als semantische Grundlage von Logikkalkülen. Archiv f. math. Logik u. Grundlagenforschung 11.

Morgan, A. de, 1847: Formal logic. Neudruck London 1926.

Peano, G., 1894/1908: Formulaire de Mathematique. 5 Bde. Turin.

Peirce, C. S., 1880: On the algebra of logic. The Am. J. of Math. 3. Neudruck in Collected Papers III. Cambridge (Mass.) 1933.

Post, E. L., 1944: Recursively enumerable sets of positive integers and their decision problems. Bull. Amer. Math. Soc. 50.

Russell, B., 1903: The principles of math. Neudruck London 1950.

Schröder, E., 1890/1905: Vorlesungen über die Algebra der Logik. 3 Bde. Leipzig.

Schütte, K., 1955: Ein System des verknüpfenden Schließens. Archiv f. math. Logik und Grundlagenforschung 2.

Skolem, Th., 1933: Über die Unmöglichkeit einer vollständigen Charakterisierung der Zahlenreihe mittels eines endlichen Axiomensystems. Norsk mat. forenings skrifter. Ser. 2, 10.

Smullyan, R., 1956: J. Symb. Logic 21, p. 222.

Tarski, A., 1930: Über einige fundamentale Begriffe der Metamathematik. Comptes rendus des séances de la Soc. des Sc. et des Lettres de Varsovie. III 23.

Tarski, A., 1948: A decision method. for elementary algebra and geometry. Santa Monica, Rand Corp.

Whitehead-Russell, 1910/1913: Principia Mathematica. 3 Bde Neudruck Cambridge 1950.

Wittgenstein, L., 1922: Tractatus logico-philosophicus. London.

Namenverzeichnis

Sachverzeichnis

Sachverzeichnis

Symbolverzeichnis

MIX
Papier | Fördert gute Waldnutzung
FSC® C083411

Kolibri 360 GmbH
Ferdinand-Jühlke-Straße 7
99095 Erfurt, Deutschland
produktsicherheit@kolibri360.de